职业教育课程改革创新规划教材·技能应用系列

基于Proteus仿真的单片机技能应用

U0217856

金 杰 郭宝生 主 编

王正勤 吕 志 副主编

电子工业出版社

Publishing House of Electronics Industry

北京·BEIJING

内 容 简 介

本书基于 Proteus 软件仿真软件和 Keil μVision 集成开发软件，介绍 MCS-51 单片机应用开发技术及单片机 C 语言程序设计技术，使读者仅用一台计算机在纯软件环境下就可以完成单片机系统硬件电路设计和程序编写与调试。

本书采用案例教学法，通过 40 个单片机 C 语言程序设计案例，详细介绍了 MCS-51 单片机的并行 I／O 口编程、中断程序设计、定时/计数器应用、串口通信程序设计，其中还涉及 LED、扬声器、继电器、数码管、LED 点阵、液晶显示器、A／D 转换等接口电路和编程方法。

本书可作为职业院校电子与信息技术、电气自动化及电类相关专业单片机 C 语言程序设计的教材，也可作为全国职业院校技能竞赛参考用书或单片机爱好者自学用书。

图书在版编目（CIP）数据

基于 Proteus 仿真的单片机技能应用 / 金杰，郭宝生 主编. －北京：电子工业出版社，2014.3
职业教育课程改革创新规划教材. 技能应用系列

ISBN 978-7-121-22501-7

Ⅰ．①基… Ⅱ．①金… ②郭… Ⅲ．①单片微型计算机－计算机仿真－应用软件－职业教育－教材
Ⅳ.TP368.1

中国版本图书馆 CIP 数据核字（2014）第 030831 号

策划编辑：张　帆
责任编辑：张　帆
印　　刷：北京虎彩文化传播有限公司
装　　订：北京虎彩文化传播有限公司
出版发行：电子工业出版社
　　　　　北京市海淀区万寿路 173 信箱　邮编　100036
开　　本：787×1092　1/16　印张：14.50　字数：371.2 千字
版　　次：2014 年 3 月第 1 版
印　　次：2024 年 8 月第 17 次印刷
定　　价：32.00 元

凡所购买电子工业出版社图书有缺损问题，请向购买书店调换。若书店售缺，请与本社发行部联系，联系及邮购电话：（010）88254888，88258888。

质量投诉请发邮件至 zlts@phei.com.cn，盗版侵权举报请发邮件至 dbqq@phei.com.cn。

本书咨询联系方式：（010）88254592，bain@phei.com.cn。

前　言

由于 MCS-51 系列单片机具有简单易学，使用广泛等特点，在我国学习 MCS-51 单片机的人数之多、应用之广，是其他种类的单片机不可比拟的，从工业控制系统到日常工作和生活的方方面面，以及大、中专院校的电子电工类技能竞赛都可以见到它的身影，它经典的结构使其成为单片机学习的入门首选。由于 Intel 公司将 MCS-51 单片机的核心技术授权给了其他一些公司，很多芯片公司也相继推出了基于标准 MCS-51 单片机或与其兼容的单片机，使 MCS-51 系列单片机型号更多、功能更丰富。

单片机课程是一门很有价值、实践性很强又很有趣味的一门课程，但它必须针对具体的单片机及外围电路来完成，很多公司开发了专门用于学习单片机的实验台、实验箱和开发实验板等实验设备，但由于这些设备一般价格昂贵、实验项目有限，无法满足所有学习者的需要。本书基于英国 Labcenter 公司的具有单片机系统仿真功能的 Proteus 软件和德国 Keil 公司的 μVision 集成开发软件，介绍 MCS-51 单片机的应用开发技术及单片机 C 语言程序设计技术，使读者仅用一台计算机就可以构建一个功能强大、内容丰富的单片机虚拟实验室。目前 Proteus 支持 MCS-51、AVR、PIC 等多种单片机的仿真，系统提供各种模拟、数字、机电以及传感类等元器件，同时还提供了万用表、示波器、信号发生器、逻辑分析仪等多种虚拟仪器，用 Keil C 设计的程序可以在用 Proteus 设计的仿真电路中设计和运行，完成单片机应用程序设计和系统开发。

本书以国内最流行的 MCS-51 单片机的硬件和软件的设计为背景，以 C51 语言为基础，采用案例教学法，通过案例学习单片机知识。

本书项目一和项目三详细介绍了仿真软件 Proteus 和集成开发软件 Keil C 的操作方法、单片机外部引脚和内容结构以及 C 语言程序设计基础，其他项目则通过 40 个单片机 C 语言程序设计案例，贯穿了 MCS-51 单片机的并行 I/O 口编程、中断程序设计、定时/计数器应用、串口通信程序设计，其中还涉及 LED、扬声器、继电器、数码管、LED 点阵、液晶显示器、A/D 转换等接口电路和编程方法，各案例分别对相关知识和技术要点进行阐述和分析，通过对这些案例的设计、分析和调试，使读者逐步掌握使用 C 语言设计开发单片机应用系统的能力。

本书由郑州市电子信息工程学校金杰、郭宝生任主编。湖南省江华县职业中专吕志任副主编。参编老师分工如下：涂冰峰编写项目一，郭宝生编写项目三，安徽商贸职业技术学院王正勤编写项目四，吴迪、吕志编写项目五，金杰编写项目八，河南信息工程学校宋红相编写项目二，河南省轻工业学校余珊珊、张靖辉编写项目六，徐俊艳编写项目七。本书在创作中得到了王国玉工程师、浙江天煌科技实业有限公司林初克技师和郑州轻工业学院杨存祥教授的指导和帮助，在此一并向他们表示诚挚的谢意。

在教学实施中，任课教师可根据学生及学时等具体情况对书中的项目及案例适当调整和取舍。

由于编者水平有限，加之时间仓促，书中难免存在错误和疏漏之处，在此恳请读者多提宝贵意见。

编　者

2014 年 2 月

目　录

认识单片机及其开发工具

现代人类生活中所用的几乎每件有电子器件的产品中都含有单片机。手机、电话、计算器、家用电器、电子玩具、掌上电脑以及鼠标等电子产品中都含有单片机。汽车上一般配备 40 多片单片机，复杂的工业控制系统上甚至可能有数百片单片机在同时工作。单片机的数量不仅远超过 PC 机和其他计算机的总和，甚至比人类的数量还要多。

知 识 目 标

1．了解单片机的基本结构
2．掌握 MCS-51 单片机的外部引脚及其功能
3．掌握单片机中的数制
4．会应用单片机最小应用系统

技 能 目 标

1．掌握仿真软件 Proteus 的基本操作
2．掌握集成开发软件 Keil C51 的基本操作
3．会使用 Proteus 和 Keil C51 建立项目并掌握联调方法

项目基本技能

技能应用一　仿真软件 Proteus 的使用

一、仿真软件 Proteus 简介

　　Proteus 软件是由英国 Labcenter Electronics 公司开发的 EDA（电子设计自动化）工具软件，已有近 20 年的历史，在全球得到了广泛应用。Proteus 软件的功能强大，它集电路设计、印制电路板设计及仿真等多种功能于一身，软件提供了大量模拟与数字元器件及外部设备，各种虚拟仪器（如电压表、电流表、示波器、逻辑分析仪、信号发生器等），不仅能够对电工、电子技术学科涉及的电路进行设计与分析，还能够对主流单片机进行设计和仿真，并且功能齐全，界面多彩，是近年来备受电子设计爱好者青睐的一款新型电子线路设计与仿真软件。

　　目前，Proteus 仿真系统支持的主流单片机有 ARM7、8051/52 系列，AVR 系列、PIC 系列、HC11 系列等，它支持的第三方软件开发、编译和调试环境有 Keil μVision2/3、MPLAB 等。

　　Proteus 软件和其他电路设计仿真软件最大的不同在于它的功能不是单一的，在 Proteus 中，从原理图设计、单片机编程、系统仿真到 PCB 设计一气呵成，真正实现了从概念到产品的完整设计。Proteus 从原理图设计到 PCB 设计，再到电路板完成的流程，如图 1-1 所示。

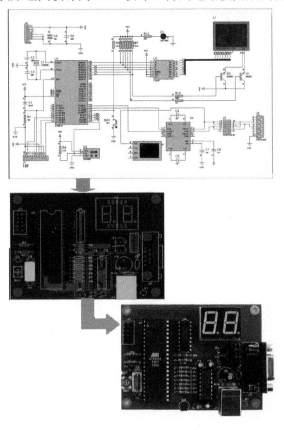

图 1-1　使用 Proteus 设计电路板流程

本教材仅使用 Proteus 软件的单片机仿真功能，这时，它就相当于一个功能强大的虚拟实验室，我们就在这个实验室里学习单片机技术知识以及完成所有的实训项目。

二、建立第一个仿真电路

我们首先来感受一下 Proteus 软件强大功能。如果已经安装 Proteus 7.8 软件，打开本书配套资料中的"仿真实例\1-01"文件夹，双击"1-01.DSN"图标，弹出如图 1-2 所示的 Proteus 仿真原理图。

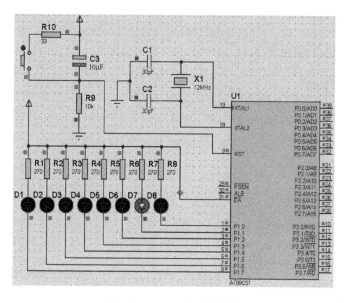

图 1-2　Proteus 仿真原理图

单击仿真工具栏中的运行按钮，系统就会启动仿真，这时我们就能看到形象逼真的流水灯效果。下面我们就来建立这个仿真电路。

1. Proteus ISIS 的工作界面

Proteus 主要由 ISIS 和 ARES 两部分组成，ISIS 的主要功能是原理图设计及交互仿真，ARES 主要用于印制电路板的设计。

Proteus 软件安装完成后，选择 Windows 的【开始】→【程序】→【Proteus 7 Professional】→【ISIS 7 Professional】，即可启动 Proteus ISIS 7.8，其工作界面如图 1-3 所示。窗口最上面是菜单栏，菜单栏下面是标准工具栏，窗口左边是含有三个组成部分的模式选择工具栏，主要包括主模式图标、部件模式图标和二维图形模式图标，包含了原理图设计的所有工具。

模式选择工具栏右边的两个小窗口分别是预览窗口和对象选择窗口，预览窗口显示当前仿真电路的缩略图，对象选择窗口列出当前仿真电路中用到的所有元件、可用终端及虚拟仪器等，当前所显示的可选择对象与当前所选择的操作模式图标对应。

Proteus 主窗口右边的大面积区域是仿真电路原理图编辑窗口。Proteus 主窗口最下面有仿真运行、暂停及停止等控制按钮。

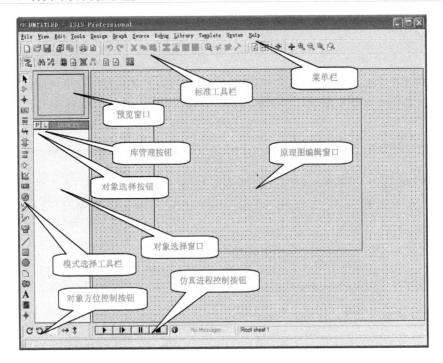

图 1-3　Proteus 的工作界面

2. 仿真电路原理图设计

我们要设计的流水灯电路共有 7 种元件，如表 1-1 所示。

表 1-1　流水灯电路用到的元件名称及所在的库

元 件 名 称	代　号	所在库名称
单片机	AT89C51	Microprocessor ICs
晶振	CRYSTAL	Miscellaneous
瓷介电容	CAP	Capacitors
电解电容	CAP-ELEC	Capacitors
电阻	RES	Resistors
按键	BUTTON	Switches & Relays
发光二极管	LED-GREEN	Optoelectronics

（1）将所需元件加入到对象选择窗口

单击对象选择按钮，弹出"Pick Devices"对话框，由于软件元件库中没有 AT89S51，我们用 AT89C51 代替，在"Keywords"输入框中输入"AT89C51"，系统在对象库中进行查询，并将搜索结果显示在"Results"中，如图 1-4 所示。在"Results"栏的列表项中，双击"AT89C51"，即可将"AT89C51"添加至对象选择窗口。

重复上述步骤可将所有需要的元件添加至对象选择窗口，最后关闭"Pick Devices"对话框。在对象选择窗口中，已有了 AT89C51、CRYSTAL、CAP、CAP-ELEC、RES、BUTTON、LED-GREEN 七个元件对象，如图 1-5 所示。单击相应的元器件，在预览窗口中显示其实物图。

（2）放置元器件至图形编辑窗口

在对象选择窗口中，单击选中 AT89C51，将鼠标置于图形编辑窗口中至欲放置该对象的地方，再单击鼠标左键，完成该对象的放置，如图 1-6 所示。

按照同样的操作，将电路所有的元件放置在图形编辑窗口中，如图 1-7 所示。

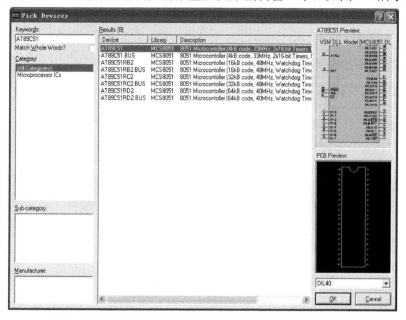

图 1-4　添加元件到对象选择窗口

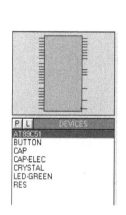

图 1-5　已添加元件的对象选择窗口

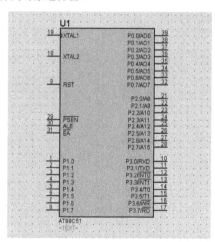

图 1-6　放置元件 AT89C51

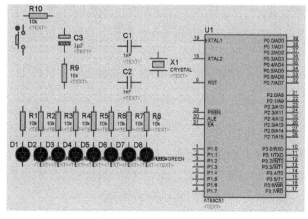

图 1-7　放置完所有元件

如果需要旋转对象或调整对象的朝向，右键单击该对象，单击相应菜单即可。

（3）编辑对象的属性

当需修改元件的参数（如标号、阻值、容量等）时，可以通过"Edit Component"对话框
进行编辑。双击对象打开属性编辑对话框。如图 1-8 所示
的是电阻的属性编辑对话框，在该对话框中可以改变电阻
的标号、电阻值、PCB 封装以及是否把这些东西隐藏等。
这里我们将电阻值改为 270Ω，修改完成后，单击"OK"
按钮即可。

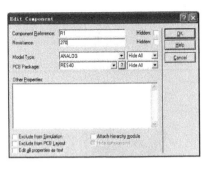

图 1-8　编辑对象属性对话框

（4）放置电源及接地符号

如果需要放置电源或接地端子，可以单击工具箱的终
端模式按钮 ，这时对象选择窗口便出现一些接线端，
其中 POWER 为电源正极，GROUND 为电源地，放置方
法同元件放置方法。

（5）元器件之间的连线

下面，我们来操作将单片机的 18 脚连到晶振的上端。当鼠标指针靠近单片机 18 脚的连
接点时，鼠标指针出现一个红色方框，表明找到了 18 脚的连接点，单击鼠标左键，移动鼠标，
当鼠标靠近晶振上端的连接点时出现一个红色方框，同时出现绿色连线，单击鼠标左键，完
成该连线的绘制。

Proteus 具有自动路径功能，当选中两个连接点后，将会自动选择一个合适的路径连线。

按照同样的方法完成所有连线，便得到如图 1-9 所示的仿真电路图。

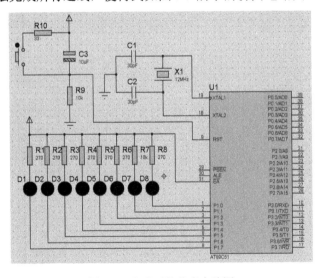

图 1-9　完成后的仿真电路图

小贴士

我们在绘制原理图的过程中如果想放大、缩小或者移动图纸，可以使用鼠标的滚轮实现，
向前滚动滚轮可以以鼠标为中心放大图纸，向后滚动滚轮可以以鼠标为中心缩小图纸，按下
滚轮键可以移动图纸，再次按下滚轮键则可以释放图纸。

3．仿真运行

在进行模拟电路、数字电路仿真时，只需单击仿真运行按钮 ▣▶ 就可以了。仿真单片机应用系统时，应将应用程序目标文件（HEX 文件）载入单片机，就好像是烧录到单片机的程序存储器。载入目标文件的方法是，双击打开 AT89C51 的属性编辑对话框，如图 1-10 所示。单击"Program File"输入框后面的按钮 ▣，出现文件选择对话框，选中并打开本书配套资料中的"仿真实例\1-01"文件夹中的"1-01.hex"文件，然后单击"OK"按钮，完成将目标文件载入单片机芯片中，单击按钮 ▣▶ 就可以看到程序运行的结果了。

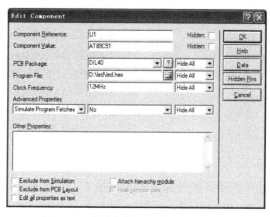

图 1-10　单片机载入目标文件对话框

三、Proteus 高级应用

1．模式选择工具栏

窗口最左边是模式选择工具栏，主要包括主模式图标、部件模式图标和二维图形模式图标三部分，包含了大量的与绘制电路图有关的对象，选择相应的工具栏图标按钮，系统将提供不同的操作功能。模式选择工具栏中各图标的功能及简要说明如表 1-2 所示。

表 1-2　模式选择工具栏各图标功能说明

图 标 名 称	功能及简要说明
▸ Selection Mode（选择模式）	在选取仿真电路图中的元件等对象时使用
▸ Component Mode（元器件模式）	用于打开元件库选取各种元器件
✦ Junction Dot Mode（连接点模式）	用于在电路中放置连接点
Wind Label Mode（连线标签模式）	用于放置或编辑连线标签
Text Script Mode（文本脚本模式）	用于在电路中输入或编辑文本
Buses Mode（总线模式）	用于在电路中绘制总线
Subcircuit Mode（子电路模式）	用于在电路中放置子电路框图或子电路元器件
Terminals Mode（终端模式）	提供各种终端，如输入、输出、电源和地等
Device Pins Mode（设备引脚模式）	提供 6 种常用的元件引脚
Graph Mode（图形模式）	列出可供选择的各种仿真分析所需要的图表，如模拟分析图表、数字分析图表、频率响应图表等
Tape Recorder Mode（磁带记录器模式）	对原理图分析分割仿真时用来记录前一步的仿真输出，作为下一步仿真的输入

续表

图 标 名 称	功能及简要说明
Generator Mode（发生器模式）	列出可供选择的模拟和数字激励源，如正弦波信号、数字时钟信号及任意逻辑电平序列等
Voltage Probe Mode（电压探针模式）	用于记录模拟或数字电路中探针处的电压值
Current Probe Mode（电流探针模式）	用于记录模拟电路中探针处的电流值
Virtual Instruments Mode（虚拟仪器）	提供的虚拟仪器有示波器、逻辑分析仪、虚拟终端、SPI 调试器、I²C 总线调试器、直流与交流电压表及电流表
2D Graphics Line Mode（直线模式）	用于在原理图中绘制直线或创建元件时绘制直线
2D Graphics Box Mode（框线模式）	用于在原理图中绘制矩形框或创建元件时绘制矩形框
2D Graphics Circle Mode（圆圈模式）	用于在原理图中绘制圆圈或创建元件时绘制圆圈
2D Graphics Arc Mode（圆弧模式）	用于在原理图中绘制圆弧或创建元件时绘制圆弧
2D Graphics Close Path Mode（封闭路径模式）	用于在原理图中绘制任意多边形或创建元件时绘制任意多边形
2D Graphics Text Mode（文本模式）	用于在原理图中添加说明文字
2D Graphics Symbol Mode（符号模式）	用于从符号库中选择各种元件符号
2D Graphics Markers Mode（标记模式）	用于在创建或编辑元器件、符号、终端、引脚时产生各种标记

2. 元件选择

Proteus 提供了大量的元器件，通过对象选择按钮 P（Pick from Library），我们可以从元器件库中提取需要的元器件，并将其置入对象选择器中，供今后绘图时使用。为了寻找和使用元器件的方便，现将元器件分类与子类名称及对应中文列于表 1-3 中。

表 1-3 元器件分类及子类

元 件 分 类	元 件 子 类
Analogy ICs（模拟芯片）	Amplifiers（放大器） Comparators（比较器） Display Drivers（显示驱动器） Filters（过滤器） Multiplexers（数据选择器） Regulators（稳压器） Timers（定时器） Voltage References（基准电压） Miscellaneous（杂类）
Capacitors（电容）	Animated（可动态显示充放电电容） Audio Grade Axial（音响专用轴线电容） Axial Lead Polypropene（轴线聚苯烯电容） Axial Lead Polystyrene（轴线聚乙烯电容） Ceramic Disc（陶瓷圆片电容） Decoupling Disc（去耦片状电容） Generic（普通电容） High Temp Radial（高温径线电容） High Temperature Axial Electrolytic（高温轴线电解电容） Metallised Polyester Film（金属化聚酯膜电容） Metallised Polypropene（金属化聚烯电容） Metallised Polypropene Film（金属化聚烯膜电容） Miniture Electrolytic（小型电解电容） Multilayer Metallised Polyester Film（多层金属化聚酯膜电容） Mylar Film（聚酯膜电容） Nickel Barrier（镍栅电容）

续表

元 件 分 类	元 件 子 类
Capacitors（电容）	Non Polarized（无极性电容） Polyester Layer（聚酯层电容） Radial Electrolytic（径线电解电容） Resin Dipped（树脂蚀刻电容） Tantalum Bead（钽珠电容） Variable（可变电容） VX Axial Electrolytic（VX 轴线电解电容）
Connectors（连接器）	Audio（音频接口） D-Type（D 型接口） DIL（双排插座） Header Blocks（插头） PCB Transfer（PCB 转换器） Ribbon Cable（带线） SIL（单排插座） Terminal Blocks（连线端子） Miscellaneous（杂类）
Date Converters（数据转换器）	A/D Converters（模数转换器） D/A Converters（数模转换器） Sample & Hold（采样保持器） Temperature Sensors（温度传感器）
Debugging Tools（调试工具）	Breakpoint Triggers（断点触发器） Logic Probes（逻辑探针） Logic Stimuli（逻辑激励源）
Diodes（二极管）	Bridge Rectifiers（整流桥） Generic（普通二极管） Rectifiers（整流二极管） Schottky（肖特基二极管） Switching（开关二极管） Tunnel（隧道二极管） Varicap（变容二极管） Zener（齐纳击穿二极管）
ECL 10000 Series（ECL 10000 系列）	各种常用集成电路
Electromechanical（电机）	各类直流电机和步进电机
Inductors（电感）	Generic（普通电感） SMT Inductors（帖片式电感） Transformers（变压器）
Laplace Transformation（拉普拉斯变换）	1st Order（一阶模型） 2nd Order（二阶模型） Controllers（控制器） Non-Linear（非线性模式） Operators（算子） Poles/Zones（极点/零点） Symbols（符号）
Memory ICs（存储芯片）	Dynamic RAM（动态数据存储器） EEPROM（电可擦除可编程存储器） EPROM（可擦除可编程存储器） I^2C Memories（I^2C 总线存储器） SPI Memories（SPI 总线存储器） Memory Cards（存储卡） Static Memories（静态数据存储器）

元 件 分 类	元 件 子 类
Microprocessor ICs（微处理器芯片）	6800 Family（6800 系列） 8051 Family（8051 系列） ARM Family（ARM 系列） AVR Family（AVR 系列） BASIC Stamp Modules（Parallax 公司微处理器） HCF11 Family（HCF11 系列） PIC10 Family（PIC10 系列） PIC16 Family（PIC16 系列） PIC18 Family（PIC18 系列） Z80 Family（Z80 系列） Peripherals（CPU 外设）
Miscellaneous（杂项）	包括开线、ATA/IDE 硬盘驱动模型、单节与多节电池、串行物理接口模型、晶振、动态与通用保险、模拟电压与电流符号、交通信号灯
Modelling Primitives（建模源）	Analogy（SPICE）（模拟（仿真分析）） Digital（Buffers & Gates）（数字（缓冲器与门电路）） Digital（Miscellaneous）（数字（杂类）） Digital（Combinational）（数字（组合电路）） Digital（Sequential）（数字（时序电路）） Mixed Mode（混合模式） PLD Elements（可编程逻辑器件单元） Realtime（Actuators）（实时激励源） Realtime（Indictors）（实时指示器）
Operational Amplifiers（运算放大器）	Single（单路运放） Dual（二路运放） Triple（三路运放） Quad（四路运放） Octal（八路运放） Ideal（理想运放） Macromodel（大量使用的运放）
Optoelectronics（光电子类器件）	7-Segment Displays（7 段数码管） Alphanumeric LCDs（字符液晶显示器） Bargraph Displays（条形显示器） Dot Matrix Displays（点阵显示器） Graphical LCDs（图形液晶） Lamp（灯泡） LCD Controllers（液晶控制器） LCD Panels Displays（液晶面板显示） LEDs（发光二极管） Optocouplers（光耦元件） Serial LCDs（串行液晶）
PLD & FPGA（可编程逻辑电路与现场可编程门阵列）	无子分类
Resistors（电阻）	0.6W Metal Film（0.6W 金属膜电阻） 10W Wirewound（10W 线绕电阻） 2W Metal Film（2W 金属膜电阻） 3W Metal Film（3W 金属膜电阻） 7W Metal Film（7W 金属膜电阻） Generic（普通电阻） High Voltage（高压电阻） NTC（负温度系数热敏电阻）

续表

元 件 分 类	元 件 子 类
Resistors（电阻）	Resistor Packs（排阻） Variable（滑动变阻器） Varistor（可变电阻）
Simulator Primitives（仿真源）	Flip-Flops（触发器） Gates（门电路） Sources（电源）
Speakers & Sounders（扬声器与音响设备）	无子分类
Switchers & Relays（开关与继电器）	Keypads（键盘） Generic Relays（普通继电器） Specific Relays（专用继电器） Switchs（按键与拨码开关）
Switching Devices（开关器件）	DIACs（双端交流开关元件） Generic（普通开关元件） SCRs（可控硅） TRIACs（三端可控硅）
Thermionic（热阴极电子管）	Diodes（二极真空管） Triodes（三极真空管） Tetrodes（四极真空管） Pentodes（五极真空管）
Transducers（转换器）	Pressure（压力传感器） Temperature（温度传感器）
Transistors（晶体管）	Bipolar（双极性晶体管） Generic（普通晶体管） IGBT（绝缘栅场效应管） JFET（结型场效应管） MOSFET（金属-氧化物半导体场效应管） RF Power LDMOS（射频功率 LDMOS 晶体管） RF Power VDMOS（射频功率 VDMOS 晶体管） Unijunction（单结晶体管）
CMOS 4000 series（CMOS 4000 系列） TTL 74 series（TTL 74 系列） TTL 74ALS series（TTL 74 增强型低功耗肖特基系列） TTL 74 AS series（TTL 74 增强型肖特基系列） TTL 74F series（TTL 74 高速系列） TTL 74HC series（TTL 74HC 系列） TTL 74HCT series（TTL 74HCT 系列） TTL 74LS series（TTL 74 低功耗肖特基系列） TTL 74s Series（TTL 74 肖特基系列）	Adders（加法器） Buffers & Drivers（缓冲器/驱动器） Comparators（比较器） Counters（计数器） Decoders（解码器） Encoders（编码器） Flip-Flop & Latches（触发器/锁存器） Frequency Dividers & Timers（分频器/定时器） Gates & Inverters（门电路/反相器） Multiplexers（数据选择器） Multivibrators（多谐振荡器） Oscillators（振荡器） Phrase-Locked-Loops（PLLs）（锁相环） Registers（寄存器） Signal Switches（信号开关） Transceivers（收发器） Misc.Logic（杂类逻辑芯片）

3．总线的绘制

（1）以总线进行连接的电路如图 1-11 所示
使用总线的目的：

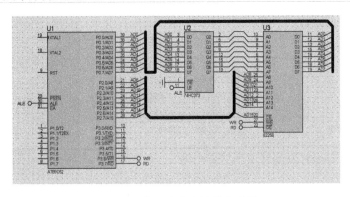

图 1-11 使用总线连接的电路图

① 在画数字电路时，需要对大量导线类型相同的数据和地址进行连线，这时就需要使用总线用以简化电路图的连线，使电路图占用的面积小，且美观、清晰。

② 在复杂的电路图中使用总线，可以清晰快速地理解多连线元件间的关系。

因为即使是自己设计绘制的电路图，时间间隔较长时，也会忘记。在读别人的电路图时也会因为总线的使用而加快理解速度。

（2）总线的绘制过程

总线的绘制过程如表 1-4 所示。

表 1-4 总线的绘制过程

步 骤	操 作 说 明	操 作 界 面
1	单击选择工具栏的总线模式图标	
2	进入总线绘制模式后，在适当位置单击后为总线起始点，在终点处双击，结束此段总线绘制。为了美观，总线拐角处可以采用 45° 拐角方式绘制，方法是：在需要偏转处，按住键盘 Ctrl 键后，总线及电路连线会按鼠标移动方向进行偏转，单击鼠标，松开 Ctrl 键后结束拐角方式绘制	
3	将需要连接到总线上的元件的各个引脚依次连接到总线上。 　连线时有一个小技巧：在相同一组连线中，当连接好第一根连线后，只要在其他引脚上双击即可自动连接	

续表

步　骤	操 作 说 明	操 作 界 面
4	单击菜单【Tools】→【Property Assignment Tool…】，弹出 Property Assignment Tool（属性分配工具）对话框。在 String（字符串）后输入命令格式为：NET=XX#（NET 代表网络，XX 代表需要命名的网络标号名字，#为数字通配符），Count 表示起始数字，Increment 表示递增数。 　　如图所示的命令格式，在需要添加标号的导线上单击，即可放置标号 D0，下个导线同样操作，即可放置标号 D1	
5	最终完成图如图所示	

小贴士

　　总线的意义在于美观、清晰以及电路易读性，其并不具备电气属性，在电路中真正表示电路连接关系的是网络标号，即网络标号相同的导线是连接在一起的。在上面的例子中，即使没有总线，仅有网络标号，仍能达到相同的电路连接关系。

4. 探针

在 Proteus 中，探针包括电压探针和电流探针。

电压探针（Voltage Probes）：既可在模拟仿真中使用，也可在数字仿真中使用。在模拟电路中记录真实的电压值，而在数字电路中，记录逻辑电平及其强度。

电流探针（Current Probes）：仅可在模拟电路中使用，并可显示电流方向。

探针既可用于基于图表的仿真，也可用于交互式仿真。

5. 激励源

激励源为电路提供输入信号。Proteus ISIS 为用户提供了各种类型的激励源，单击工具箱中的按钮，在对象选择窗口中列出所有的激励源名称，如图 1-12 所示。表 1-5 列出了 Proteus 中各种激励源的功能及使用说明。

图 1-12　Proteus 中的激励源列表

表 1-5　Proteus 中各种激励源的功能及使用说明

激励源名称	操作说明	操作界面
DC （直流电压源）	单击工具箱中的"Generator Mode"按钮图标，出现所有激励源的名称列表。选择"DC"。 将直流信号发生器放置到原理图编辑界面中。 在原理图编辑区中，双击直流信号发生器符号，出现如属性设置对话框。 默认为直流电压源，可以在右侧设置电压源的大小。 如果需要直流电流源，则在图中选中左侧下面的"Current Source"，右侧自动出现电流值的标记，根据需要填写即可。 单击"OK"按钮，完成属性设置	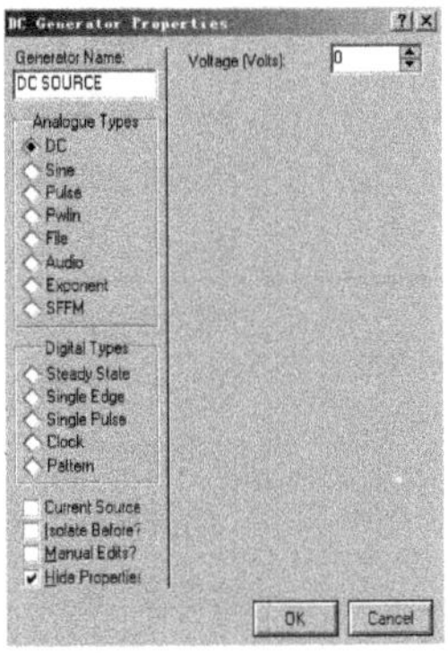
Sine （正弦波发生器）	正弦波信号发生器属性设置对话框中主要选项含义如下。 Offset（Volts）：补偿电压，即正弦波的振荡中心电平。 Amplitude（Volts）：正弦波的三种幅值标记方法，其中 Amplitude 为振幅，Peak 为峰值电压，RMS 为有效值电压，以上三个电压值选填一项即可。 Timing：正弦波频率的三种定义方法，其中 Frequency（Hz）为频率；Period（Secs）为周期，单位为秒；这两项填一项即可。Cycles/Graph 为占空比，要单独设置。 Delay：延时，指正弦波的相位，有两个选项，选填一个即可	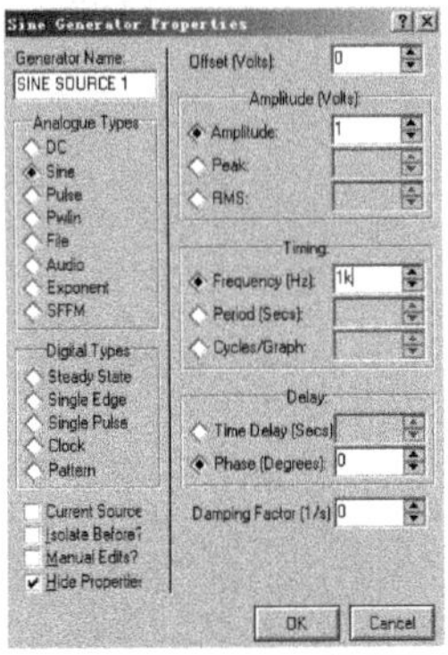
Pulse （模拟脉冲源）	脉冲发生器属性主要参数说明如下。 Initial（Low）Voltage：初始（低）电压值。 Pulsed（High）Voltage：脉冲（高）电压值。 Start（Secs）：起始时刻。 Rise Time（Secs）：上升时间。 Fall Time（Secs）：下降时间。 Pulse Width：脉冲宽度。有两种设置方法，Pulse Width（Secs）指定脉冲宽度；Pulse Width（%）指定占空比。 Frequency/Period：频率或周期。 Current Source：电流值设置	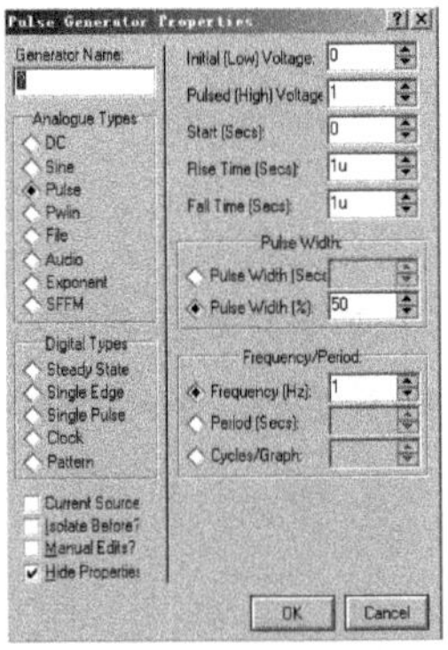
Exp （指数脉冲源）	指数脉冲源属性主要参数说明如下。 Initial（Low）Voltage：初始（低）电压值。 Pulsed（High）Voltage：脉冲（高）电压值。 Rise start time（Secs）：上升沿起始时刻。 Rise time constant（Secs）：上升沿持续时间。 Fall start time（Secs）：下降沿起始时刻。 Fall time constant（Secs）：下降沿持续时间	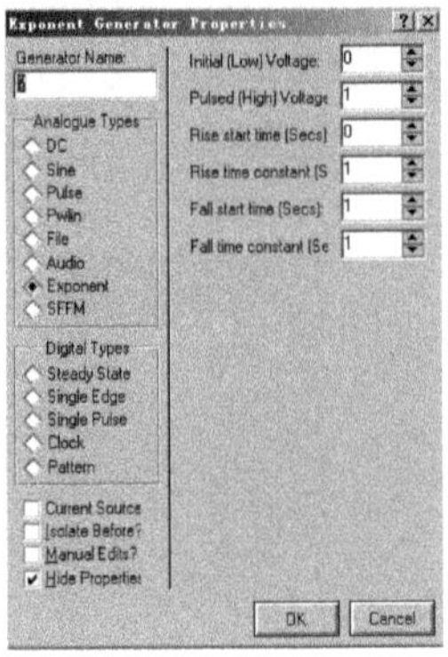

续表

激励源名称	操作说明	操作界面
SFFM （单频调频波源）	单频率调频波发生器属性主要参数说明如下。 Offset：电压偏置值。 Amplitude：电压幅值。 Carrier Freq：载波频率 fC。 Modulation Index：调制指数 MDI。 Signal Freq：信号频率 fS	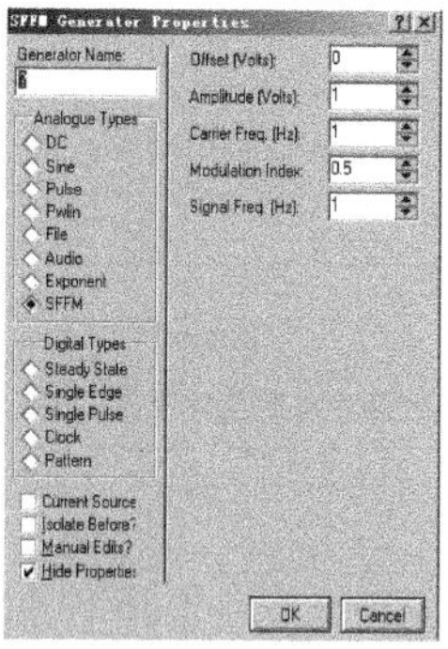
Pwlin （分段线性脉冲源）	分段线性脉冲源属性主要参数说明如下。 ① Time/Voltages 项 用于显示波形，X 轴为时间轴，Y 轴为电压轴。单击右上的三角按钮，可弹出放大了的曲线编辑界面。 ② Scaling 项 X Mir：横坐标（时间）最小值显示。 Y Mir：纵坐标（时间）最小值显示。 X Ma：横坐标（时间）最大值显示。 Y Ma：纵坐标（时间）最大值显示。 Minimum：最小上升/下降时间。 在打开的分段线性激励源的图形编辑区中，用鼠标左键在任意点单击，则完成从原点到该点的一段直线，再把鼠标向右移动，在任意位置单击，又出现一个连接的直线段，可编辑为自己满意的分段激励源曲线	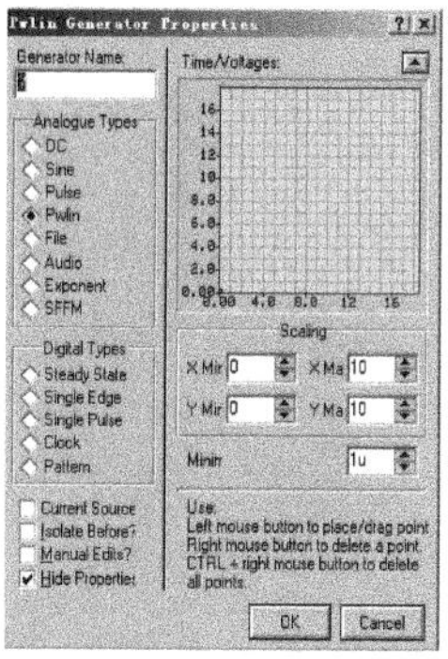
File （File 信号源）	双击原理图中的 File 信号发生器符号，出现 File 信号发生器的属性设置对话框。 在"Data File"列表中输入数据文件的路径及文件名，或单击"Browse"按钮进行路径及文件名选择，即可使用电路中编制好的数据文件。 File 信号发生器与 Pwlin 信号源相同，只是数据由 ASCII 文件产生。 在"Generator Name"文本框中输入发生器的名称，如"FILE SOURCE"。 编辑完成后，单击"OK"按钮，完成信号源的设置	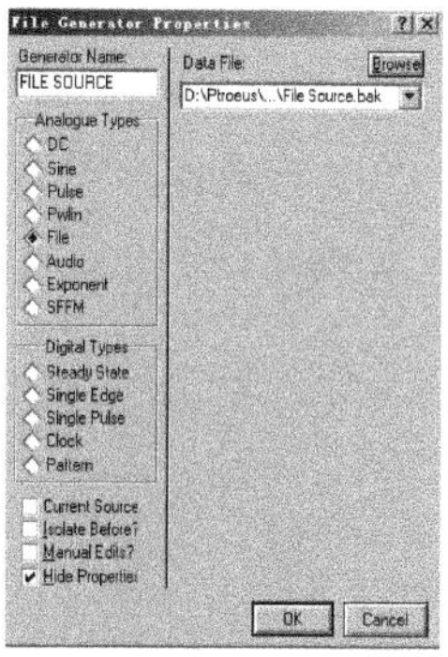
Audio （音频信号源）	双击原理图中的音频信号发生器符号，出现音频信号发生器的属性设置对话框。 在"Generator Name"文本框中输入自定义的音频信号发生器名称，如"AUDIO SOURCE"，在"WAV Audio File"列表中，通过"Browse"按钮找到一个"*.wav"音频文件，如"D:\speech_dft.wav"，加载进去。 单击"OK"按钮完成设置	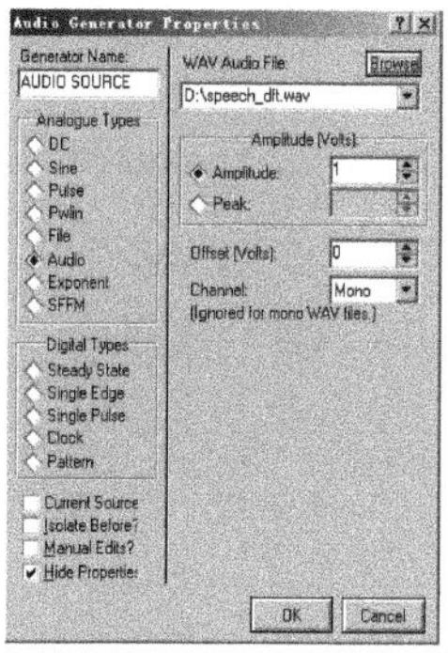

激励源名称	操 作 说 明	操 作 界 面
DState （数字稳态逻辑电平发生器）	双击原理图中的数字单稳态逻辑电平发生器符号，出现数字单稳态逻辑电平发生器的属性设置对话框。 在"Generator Name"文本框中输入自定义的数字单稳态逻辑电平发生器的名称，如"DSTATE 1"，在"State"选项组中，逻辑状态为"Weak Low"（弱低电平）。 单击"OK"按钮完成设置	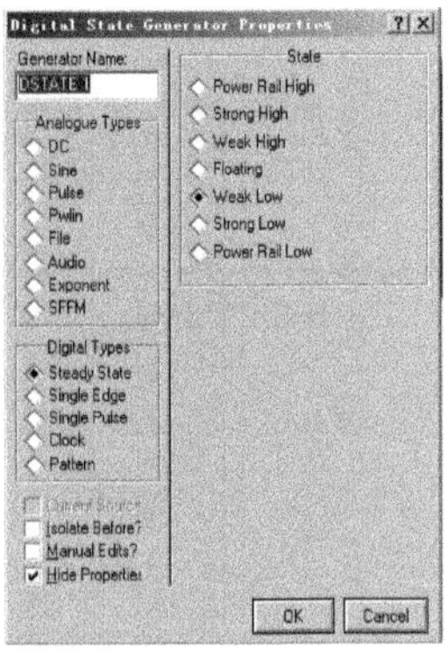
DEdge （数字单边沿信号源）	双击原理图中的数字单边沿信号发生器符号，出现数字单边沿信号发生器的属性设置对话框。 在"Generator Name"文本框中输入自定义的数字单边沿信号发生器的名称，如"DEDGE 1"，在"Edge Polarity"选项组中，选中"Positive（Low-To-High）Edge"正边沿项。对于"Edge At（Secs）"项，输入"500m"，即选择边沿发生在 500ms 处。 单击"OK"按钮完成设置	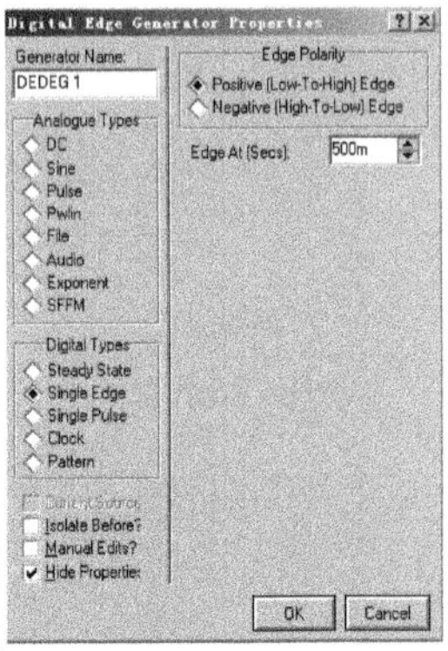
DPulse （数字单周期数字脉冲源）	双击原理图中的单周期数字脉冲发生器符号，出现单周期数字脉冲发生器的属性设置对话框。 主要有以下参数设置。 Pulse Polarity（脉冲极性）：正脉冲 Positive Pulse 和负脉冲 Negative Pulse。 Pulse Timing（脉冲定时）：Start Time（Secs）为起始时刻；Pulse Width（Secs）为脉宽；Stop Time（Secs）为停止时间。 在"Generator Name"文本框中输入自定义的单周期数字脉冲发生器的名称，如"DPULSE SOURCE"，并在相应的项目中设置合适的值。 单击"OK"按钮完成设置	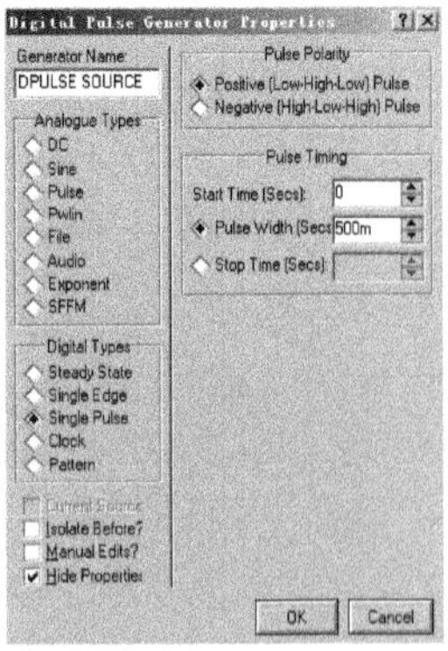
DClock （数字时钟源）	双击原理图中的数字时钟信号发生器符号，出现数字时钟信号发生器的属性设置对话框。 在"Generator Name"文本框中输入自定义的数字时钟信号发生器的名称，如"DCLOCK"，并在"Timing"选项组中把"Frequency"频率设为 1k（Hz）。 单击"OK"按钮完成设置	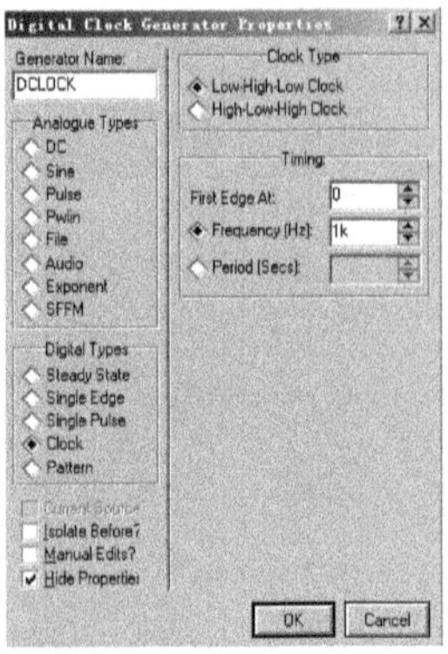

续表

激励源名称	操 作 说 明	操 作 界 面
DPattern （数字模式信号源）	双击原理图中的数字模式信号发生器符号，出现数字模式信号发生器的属性设置对话框。 在"Generator Name"文本框中输入自定义的数字模式信号发生器的名称，如"DPATTERN"，其他各项的设置如图 1-20 所示。其中各项含义如下。 Initial State：初始状态。 First Edge At（Secs）：第一个边沿位于几秒处。 Pulse width（Secs）：脉冲宽度。 Specific Number of Edges：指定脉冲边沿数目。 Specific pulse train：指定脉冲轨迹。 单击"OK"按钮完成属性设置	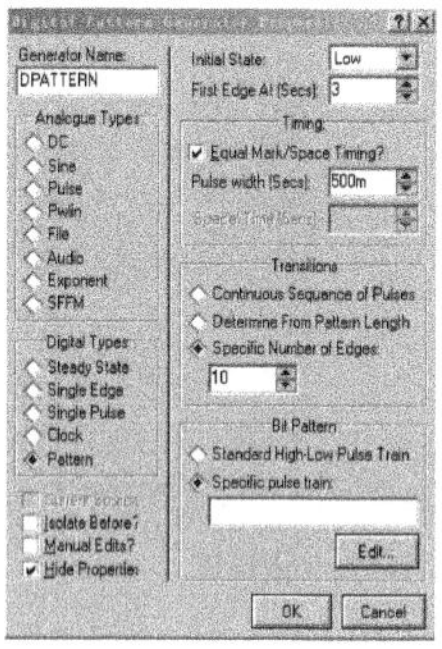 

6. 虚拟仪器

Proteus ISIS 为用户提供了多种虚拟仪器，单击工具箱中的按钮 ☎，在对象选择窗口中列出所有的虚拟仪器名称，如图 1-13 所示。表 1-6 列出了 Proteus 中各种虚拟仪器的功能及使用说明。

图 1-13 虚拟仪器列表

表 1-6 Proteus 中各种虚拟仪器的功能及使用说明

激 励 源	操 作 说 明	操 作 界 面
OSCILLOSCOPE （示波器）	选择列表区的"OSCILLOSCOPE"，将示波器被放置到原理图编辑区中去。 示波器的四个接线端 A、B、C、D 可分别接四路输入信号，信号的另一端应接地。该虚拟示波器能同时观看四路信号的波形。 单击仿真运行按钮开始仿真，出现示波器运行界面。可以看到，左面的图形显示区有四条不同颜色的水平扫描线，其中 A 通道由于接了正弦信号，已经显示出正弦波形。 如果没有出现示波器运行界面，可以单击菜单【Debug】→【Digital OSCILLOSCOPE】使其显示	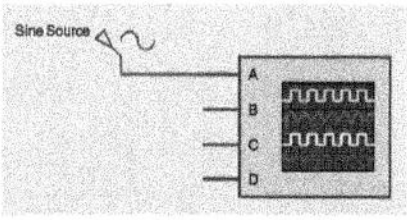 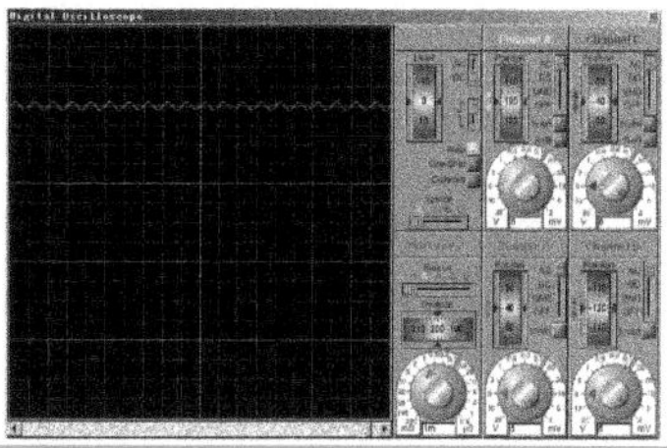

激 励 源	操 作 说 明	操 作 界 面
LOGIC ANALYSER （逻辑分析仪）	逻辑分析仪"LOGIC ANALYSER"是通过将连续记录的输入信号存入到大的捕捉缓冲器进行工作的。这是一个采样过程，具有可调的分辨率，用于定义可以记录的最短脉冲。 逻辑分析仪的原理符号如图。其中 A0～A15 为 16 路数字信号输入，B0～B3 为总线输入，每条总线支持 16 位数据，主要用于接单片机的动态输出信号。运行后，可以显示 A0～A15、B0～B3 的数据输入波形。 逻辑分析仪的使用方法如下： （1）把逻辑分析仪放置到原理图编辑区，在 A0 输入端上接 10Hz 的方波信号，A1 接低电平，A2 接高电平。 （2）单击仿真运行按钮，出现其操作界面。 （3）先调整一个分辨率，类似于示波器的扫描频率，调捕捉分辨率"Capture Resolution"，单击光标按钮"Cursors"使其不显示。按捕捉按钮"Capture"，开始显示波形，该钮先变红，再变绿，稍后显示如图所示的波形。 （4）调整水平显示范围旋钮"Display Scale"，或在图形区滚动鼠标滚轮，可调节波形，使其左右移动。 （5）"Cursors"光标按下后，在图形区单击，可标记横坐标的数值，即可以测出波形的周期、脉宽等	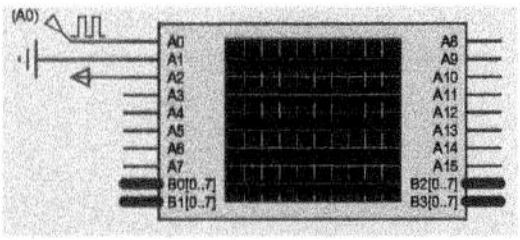 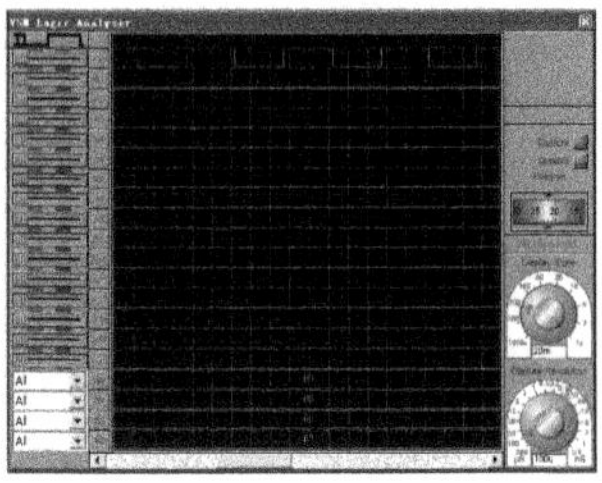
COUNTER TIMER （计数器/定时器）	计数器/定时器"COUNTER TIMER"的原理符号及测试电路连线如图所示。CLK 为外加的 1kHz 方波时钟输入。 该仪器有如下三个输入端。 CLK：计数和测频状态时，数字波的输入端。 CE：计数使能端（Counter Enable），可通过计数器/定时器的属性设置对话框设为高电平或低电平有效，当此信号无效时，计数暂停，保持目前的计数值不变，一旦 CE 有效，计数继续进行。 RST：复位端（RESET），可设为上升沿（Low-High）或下降沿（High-Low）有效。当有效沿到来时，计时或计数复位到 0，然后立即从 0 开始计时或计数。 该仪器有五种工作方式，可通过属性设置对话框中的"Operating Mode"来选择，如图所示。 Default：默认方式，系统设置为计数方式。 Time（Secs）：定时方式，相当于一个秒表，最多计 100s，	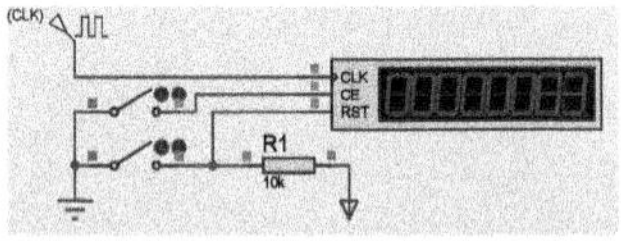
COUNTER TIMER （计数器/定时器）	精确到 1 μs。CLK 端无须外加输入信号，内部自动计时。由 CE 和 RST 端来控制暂停或重新从零开始计时。 Time（hms）：定时方式，相当于一个具有小时、分、秒的时钟，最多计 10h，精确到 1ms。CLK 端无须外加输入信号，内部自动计时。由 CE 和 RST 端来控制暂停或重新从零开始计时。 Frequency：测频方式，在 CE 有效和 RST 没有复位的情况下，能稳定显示 CLK 端外加的数字波的频率。 Count：计数方式，能够计外加时钟信号 CLK 的周期数，如图所示的计数显示，最多计满 8 位，即 99999999	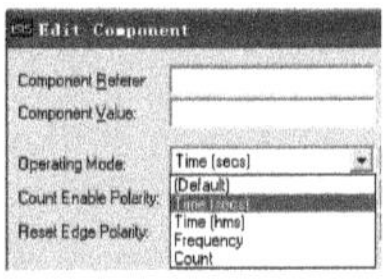

激 励 源	操 作 说 明	操 作 界 面
VIRTUAL TERMINAL（虚拟终端）	Proteus VSM 提供的虚拟终端相当于键盘和屏幕的双重功能，免去了上位机系统的仿真模型，使用户在用到单片机与上位机之间的串行通信时，直接由虚拟终端经 RS232 模型与单片机之间异步发送或接收数据。虚拟终端在运行仿真时会弹出一个仿真界面，当由 PC 向单片机发送数据时，可以和实际的键盘关联，用户可以从键盘经虚拟终端输入数据；当接收到单片机发送来的数据后，虚拟终端相当于一个显示屏，会显示相应信息。虚拟终端的原理图符号所示。 虚拟终端共有四个接线端，其中 RXD 为数据接收端，TXD 为数据发送端，RTS 为请求发送信号，CTS 为清除传送，是对 RTS 的响应信号。 在使用虚拟终端时，首先要对其属性参数进行设置。双击元件，出现如图所示的虚拟终端属性设置对话框。 主要参数有下面几个。 Baud Rate：波特率，范围为 300～57600bps。 Data Bits：传输的数据位数，7 位或 8 位。 Parity：奇偶校验位，包括奇校验、偶校验和无校验。 Stop Bits：停止位，具有 0、1 或 2 位停止位。 Send XON/XOFF：第 9 位发送允许/禁止	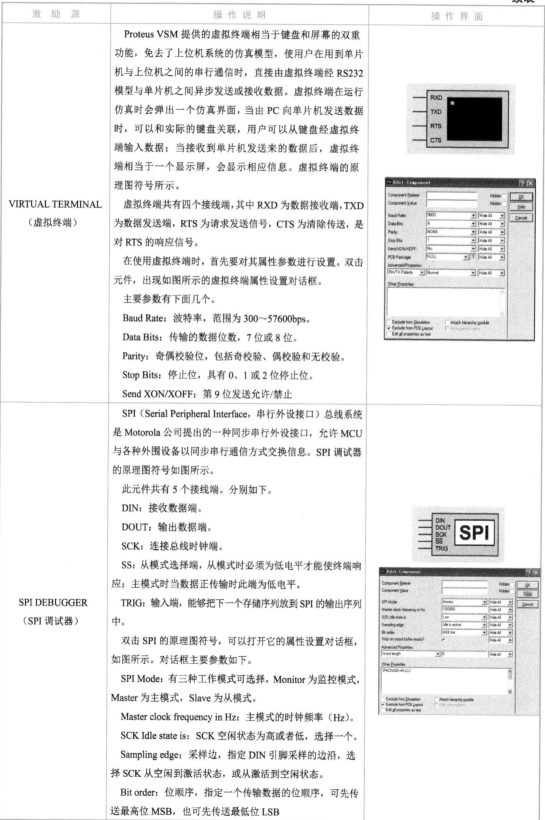
SPI DEBUGGER（SPI 调试器）	SPI（Serial Peripheral Interface，串行外设接口）总线系统是 Motorola 公司提出的一种同步串行外设接口，允许 MCU 与各种外围设备以同步串行通信方式交换信息。SPI 调试器的原理图符号如图所示。 此元件共有 5 个接线端。分别如下。 DIN：接收数据端。 DOUT：输出数据端。 SCK：连接总线时钟端。 SS：从模式选择端，从模式时必须为低电平才能使终端响应；主模式时当数据正传输时此端为低电平。 TRIG：输入端，能够把下一个存储序列放到 SPI 的输出序列中。 双击 SPI 的原理图符号，可以打开它的属性设置对话框，如图所示。对话框主要参数如下。 SPI Mode：有三种工作模式可选择，Monitor 为监控模式，Master 为主模式，Slave 为从模式。 Master clock frequency in Hz：主模式的时钟频率（Hz）。 SCK Idle state is：SCK 空闲状态为高或者低，选择一个。 Sampling edge：采样边，指定 DIN 引脚采样的边沿，选择 SCK 从空闲到激活状态，或从激活到空闲状态。 Bit order：位顺序，指定一个传输数据的位顺序，可先传送最高位 MSB，也可先传送最低位 LSB	

激 励 源	操 作 说 明	操 作 界 面
I2C DEBUGGER （I²C 调试器）	虚拟仪器中的 I²C DEBUGGER 允许用户监测 I²C 接口并与之交互，用户可以查看 I²C 总线发送的数据，同时也可向总线发送数据。I²C 调试器的原理图符号如图所示。 　　I²C 调试器共有三个接线端，分别如下。 　　SDA：双向数据线。 　　SCL：双向输入端，连接时钟。 　　TRIG：触发输入，能引起存储序列被连续地放置到输出队列中。 　　双击该元件，打开属性设置对话框，如图所示。主要参数如下。 　　Address byte 1：地址字节 1，如果使用此终端仿真一个从元件，则这一属性指定从器件的第一个地址字节。 　　Address byte 2：地址字节 2，如果使用此终端仿真一个从元件，并期望使用 10 位地址，则这一属性指定从器件的第二个地址字节	 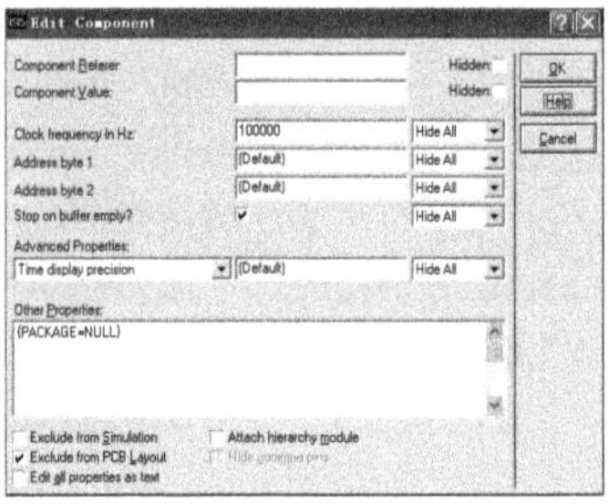
SIGNAL GENERATOR （信号发生器）	Proteus 的虚拟信号发生器主要有以下功能： 　　产生方波、锯齿波、三角波和正弦波； 　　输出频率范围为 0～12MHz，8 个可调范围； 　　输出幅值为 0～12V，4 个可调范围； 　　幅值和频率的调制输入和输出。 　　信号发生器的原理图符号如图所示。 　　它有两大功能，一是输出非调制波，二是输出调制波。 　　通常使用它的输出非调制波功能来产生正弦波、三角波和锯齿波，方波直接使用专用的脉冲发生器来产生比较方便，主要用于数字电路中。 　　在用作非调制波发生器时，信号发生器的下面两个接头"AM"和"FM"悬空不接，右面两个接头"＋"端接至电路的信号输入端，"－"端接地。 　　仿真运行后，出现如图所示的界面。 　　最右端两个方形按钮，上面一个用来选择波形，下面一个用来选择信号电路的极性，即是双极型（Bi）还是单极型（Uni）三极管电路，以和外电路匹配。最左边两个旋钮用来选择信号频率，左边是微调，右边是粗调。中间两个旋钮用来选择信号的幅值，左边是微调，右边是粗调。 　　如果在运行过程中关闭掉信号发生器，则需要从主菜单 Debug 中选取最下面的 VSM Signal Generator 来重现	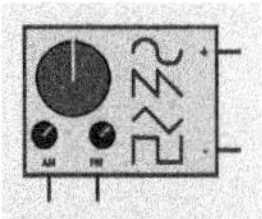 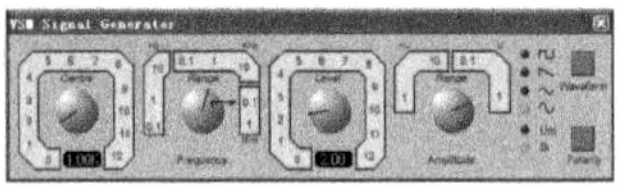
电压表 和电流表	Proteus VSM 提供了四种电表，分别是 AC Voltmeter（交流电压表）、AC Ammeter（交流电流表）、DC Voltmeter（直流电压表）和 DC Ammeter（直流电流表）。 　　（1）在 Proteus ISIS 的界面中，选择虚拟仪器图标，在出现的元件列表中，分别把上述四种电表放置到原理图编辑区中，如图所示。 　　（2）双击任一电表的原理图符号，出现其属性设置对话框，右图所示是直流电流表的属性设置对话框。	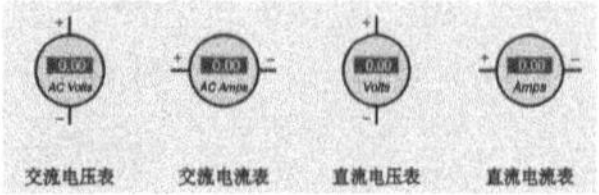

续表

激 励 源	操 作 说 明	操 作 界 面
电压表 和电流表	在元件名称"Component Referer"项中将该直流电流表命名为"AM1"，元件值"Component Value"中不填。在显示范围"Display Range"中有四个选项，用来设置该直流电流表是安培表（Amps）、毫安表（Milliamps）或是微安表（Microamps），默认是安培表。然后单击"OK"按钮即可完成设置。 其他三个表的属性设置与此类似	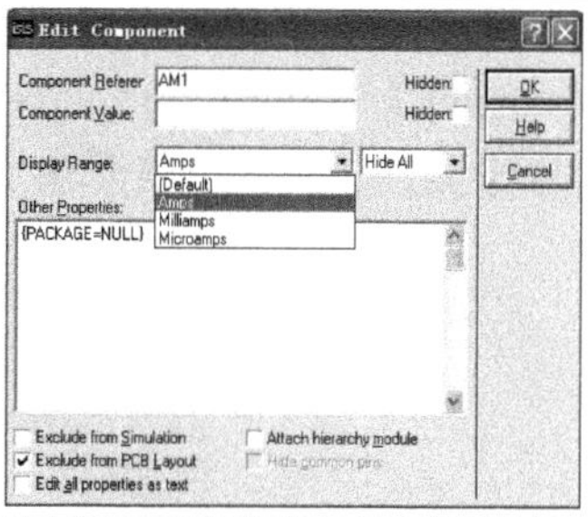 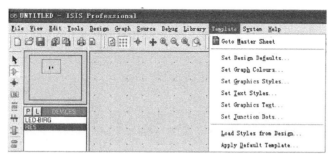

7. Proteus 环境设置

Proteus 环境设置主要在菜单【Template】这一栏里设定，如图 1-14 所示。

图 1-14　菜单【Template】

（1）Proteus 背景设置

在前面的例子中，我们发现 Proteus 的原理图编辑区的背景色是灰色的，可能有些人不喜欢这个背景色，还有就是每个元件下方都有一个"<TEXT>"的显示，如图 1-15 所示，这个显示能不能取消，不让它显示？

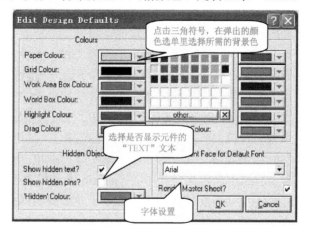

图 1-15　显示"<TEXT>"的元件

我们可以根据自己的喜好，对系统的设计默认值进行重新设置。单击菜单【Template】→【Set Design Defaults…】，弹出如图 1-16 所示对话框，在此对话框里可以对显示字体、背景颜色、网格颜色、是否显示"TEXT"文本等进行设置。

图 1-16　背景设置对话框

通过选择【View】→【Grid】或者按下快捷键 "G" 可以切换网格的风格或关闭网格。

（2）图形风格的设置

图形风格的设置主要是指对元器件边框、引脚以及电源端子等颜色的设置。单击菜单【Template】→【Set Graphics Styles…】，弹出如图 1-17 所示对话框，在此对话框里可以对元器件边框、引脚以及电源端子等颜色进行设置。

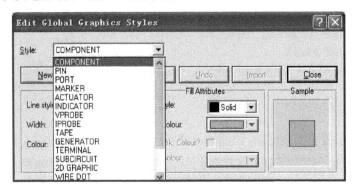

图 1-17　图形风格设置对话框

对于其他环境设置，读者可以参考相关资料。

技能应用二　集成开发软件 Keil C51 的使用

一、集成开发软件 Keil C51 简介

Keil 是德国开发的一个 51 单片机开发软件平台，最开始只是一个支持 C 语言和汇编语言的编译器软件。后来随着开发人员的不断努力以及版本的不断升级，使它已经成为了一个重要的单片机开发平台，不过 Keil 的界面并不是非常复杂，操作也不是非常困难，很多工程师的开发的优秀程序都是在 Keil 的平台上编写出来的。可以说它是一个比较重要的软件，熟悉它的人很多，用户群极为庞大，相关的资料也非常丰富，Keil μVision3 的启动界面如图 1-18 所示。

图 1-18　Keil μVision3 的启动界面

单片机开发中除必要的硬件外，同样离不开软件，我们写的汇编语言源程序要变为 CPU 可以执行的机器码有两种方法，一种是手工汇编，另一种是机器汇编，目前已极少使用手工汇编的方法了。机器汇编是通过汇编软件将源程序变为机器码，用于 MCS-51 单片机的汇编软件有早期的 A51，随着单片机开发技术的不断发展，从普遍使用汇编语言到逐渐使用高级语言开发，单片机的开发软件也在不断发展，Keil 软件是目前最流行开发 MCS-51 系列单片机的软件，这从近年来各仿真机厂商纷纷宣布全面支持 Keil 即可看出。Keil 提供了包括 C 编译器、宏汇编、连接器、库管理和一个功能强大的仿真调试器等在内的完整开发方案，通过一个集成开发环境（μVision）将这些部分组合在一起。掌握这一软件的使用对于使用 51 系列单片机的爱好者来说是十分必要的，如果你使用 C 语言编程，那么 Keil 几乎就是你的不二之选，即使不使用 C 语言而仅用汇编语言编程，其方便易用的集成环境、强大的软件仿真调试工具也会令你事半功倍。

二、建立第一个 C 程序项目

下面我们通过流水灯实例的程序编写、调试和编译来学习 Keil 软件的基本使用方法。

1. Keil 软件工作界面

双击桌面上的 Keil μVision3 图标，启动软件，如图 1-19 所示。在 Keil 软件界面的最上面是菜单栏，包括了几乎所有的操作命令；菜单栏的下面是工具栏，包括了常用操作命令的快捷按钮；界面的左边是工程管理窗口，该窗口有五个标签：Files（文件）、Regs（寄存器）、Books（附加说明文件）、Functions（函数）和 Templates（模板），用于显示当前工程的文件结构、寄存器和函数等。如果是第一次启动 Keil，相应窗口和标签都是空的，如果不是第一次启动，Keil 会自动打开上一次关闭时的工程。

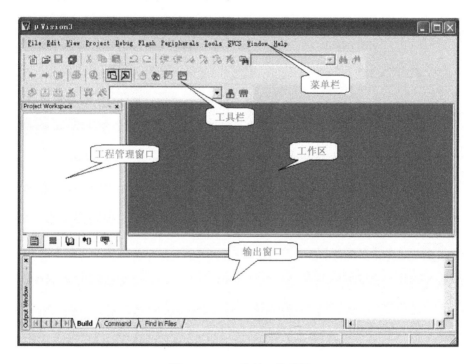

图 1-19　Keil 软件工作界面

2. 新建工程文件

在项目开发中，仅有一个源程序是满足不了需求的，还要为项目选择 CPU，确定编译、连接的参数，指定调试的方式，编译之后也会自动生成一些文件，所以一个项目往往包含有多个文件，为管理和使用方便，Keil 引入了"Project（工程）"这一概念：将这些参数设置和所需的所有文件都加在一个工程中，当然我们最好为每一个工程建一个专用文件夹来存放所有文件。建立工程的方法如下：

单击菜单【Project】→【New Project...】，如图 1-20 所示。在弹出"Create New Project"对话框中，选择保存路径，并在"文件名"的输入框中输入工程的名字（例如 led），不需要扩展名，如图 1-21 所示。

单击"保存"按钮，便会弹出第二个对话框，要求选择 CPU 型号，如图 1-22 所示。Keil 支持的 CPU 很多，按照公司名分类，单击"ATMEL"前面的"+"号，展开该层，可以选择

AT89C5X 系列或 AT89S5X 系列，这里我们选择"AT89S51"，然后再单击"确定"按钮，回到主界面。此时，在工程管理窗口的文件页中，出现了"Target 1（目标）"，前面有"+"号，单击"+"号展开，可以看到下一层的"Source Group1（源程序组）"，这时的工程还是一个空的工程，里面什么文件也没有，如图 1-23 所示。

图 1-20   New Project 菜单

图 1-21   保存工程文件

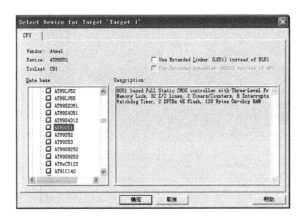

图 1-22   选择目标 CPU 对话框

图 1-23   建立完成后的工程

3．工程的设置

工程建立好以后，还要对工程进行进一步的设置，以满足要求。

首先在"Target 1"上单击鼠标右键，弹出如图 1-24 所示的快捷菜单。接着单击"Options for Target 'Target 1'"选项，即出现对工程设置的对话框。

工程设置对话框可谓非常复杂，共有 10 个页面，要全部搞清可不容易，好在绝大部分设置项取默认值就行了。下面对其中 2 个页面进行简要说明：

（1）设置对话框中的 Target 页面，如图 1-25 所示，Xtal 后面的数值是晶振频率值，默认值是所选目标 CPU 的最高可用频率值，对于我们所选的 AT89S51 而言是 24M，该数值与最终产生的目标代码无关，仅用于

图 1-24   "Target 1"快捷菜单

软件模拟调试时显示程序执行时间。正确设置该数值可使显示时间与实际所用时间一致，一般将其设置成与你的硬件所用晶振频率相同，如果没必要了解程序执行的时间，也可以不设，这里设置为12。

（2）设置对话框中的 Output 页面，如图 1-26 所示，这里面也有多个选择项，其中 Creat HEX File 用于生成可执行代码文件（可以用编程器写入单片机芯片的 HEX 格式文件，文件的扩展名为.HEX），默认情况下该项未被选中，如果要烧录单片机做硬件实验，就必须选中该项，这一点是初学者易疏忽的，在此特别提醒注意。选中 Debug Information 将会产生调试信息，这些信息用于调试，如果需要对程序进行调试，应当选中该项。Browse Information 是产生浏览信息，该信息可以用菜单【View】→【Browse】来查看，这里取默认值。

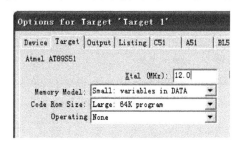

图 1-25　对目标进行设置

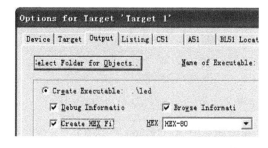

图 1-26　对输出进行设置

工程设置对话框中的其他各页面与 C51 编译选项、A51 的汇编选项、BL51 连接器的连接选项等用法有关，这里均取默认值，不作任何修改。

4. 建立并保存源文件

单击菜单【File】→【New…】或单击工具栏中的新建文件按钮，即可在项目窗口的右侧打开一个新的文本编辑窗口，如图 1-27 所示。在输入源程序之前，建议首先保存该空白文件，因为保存后，在输入程序代码时，其中的关键字、数据等会以不同的颜色显示，这样会减少输入错误的机会。单击菜单【File】→【Save】或单击工具栏中的保存按钮，弹出"Save As"对话框，如图 1-28 所示。在"文件名"的输入框中输入文件名，同时必须输入正确的扩展名（汇编语言源程序以".asm"为扩展名，C 语言源程序以".c"为扩展名），然后单击"保存"按钮。

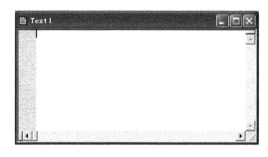

图 1-27　文本编辑窗口

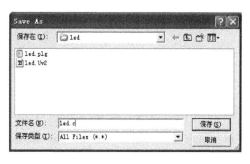

图 1-28　另存为窗口

5. 添加源程序到工程中

在工程管理窗口的文件页，在"Source Group 1"上单击鼠标右键，弹出如图 1-29 所示的快捷菜单。接着单击"Add Files to Group 'Source Group 1'"选项，在出现的对话框中选中

"led.c",如图 1-30 所示,单击"Add"按钮,将文件添加到工程中,然后单击"Close"按钮回到主界面。

图 1-29 "Source Group 1"快捷菜单

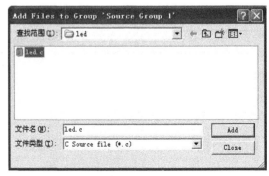

图 1-30 添加源文件对话框

我们注意到在"Source Group 1"文件夹中多了一个子项"led.c",如图 1-31 所示。这时就可以在文本编辑窗口中输入程序了。

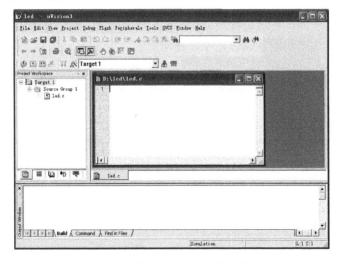

图 1-31 "Source Group 1"文件夹

6. 程序编译

在设置好工程,输入程序后,即可进行编译、连接。选择菜单【Project】→【Build target】,对当前工程进行连接,如果当前文件已修改,软件会先对该文件进行编译,然后再连接以产生目标代码;如果选择【Rebuild All target files】将会对当前工程中的所有文件重新进行编译,然后再连接,确保最终生产的目标代码是最新的,而【Translate...】项则仅对该文件进行编译,不进行连接。

以上操作也可以通过工具栏按钮直接进行。图 1-32 所示是有关编译、设置的工具栏按钮,从左到右分别是:编译、编译连接、全部重建、停止编译、下载到闪存和对工程进行设置。

图 1-32 有关编译、连接、工程设置的工具条

编译过程中的信息将出现在输出窗口中的 Build 页中，如果源程序中有语法错误，会有错误报告出现，双击该行，可以定位到出错的位置，对源程序修改，编译成功后会得到如图 1-33 所示的结果，自动生成名为 led.hex 的文件，该文件即可被编程器或 ISP 下载线读入并写到单片机中，同时还产生了一些其他相关的文件，可被用于 Keil 的仿真与调试，这时可以进入下一步调试的工作。

```
Build target 'Target 1'
linking...
Program Size: data=9.0 xdata=0 code=47
creating hex file from "led"...
"led" - 0 Error(s), 0 Warning(s).
```
Build / Command / Find in Files

图 1-33　正确编译、连接之后的结果

在图 1-33 中，我们看到信息输出窗口中显示的是编译过程及编译结果。其含义如下：

> 创建目标 'Target 1'
> 正在连接……
> 程序大小：数据存储器=9.0 外部数据存储器=0 代码=47
> 正在从"led"创建 hex 文件……
> 工程"led"编译结果-0 个错误，0 个警告。

如果编译过程中出现了错误，双击错误信息，可以看到 Keil 软件自动定位到错误的位置，并在代码行前面出现一个蓝色的箭头，对源程序反复修改之后，最终会得到正确的编译结果。

项目基本知识

知识链接一　认识单片机与单片机系统

随着电子技术的发展，电子设备、仪器的智能化水平越来越高，而且越来越来多的家用电器具备了"自动"、"智能"、"电脑"和"微电脑控制"等功能，如全自动洗衣机、智能冰箱、电脑万年历、微电脑控制电磁炉等。这些"自动"、"智能"和"电脑控制"是怎么回事？又是如何实现的呢？

事实上，能够实现这些功能全是单片机的功劳，下面我们就先来认识一下单片机吧。

一、什么是单片机

大家都使用过计算机，我们知道计算机最主要的部分就是主板了。主板就是一块电路板，在这块电路板上有 CPU、存储器、时钟等，还有很多接口电路，以便和各种设备连接。如果把这些组成计算机的基本部件集成在一块集成电路上就构成了单芯片微型计算机。

单片微型计算机，简称单片机，它是把组成微型计算机的各功能部件：中央处理器 CPU、随机存取存储器 RAM、只读存储器 ROM、多种 I/O 接口电路、定时器/计数器、中断系统以及串行通信系统等部件制作在一块硅片上，构成一个小而完善的微型计算机系统。有的单片机可能还包括显示驱动电路、脉宽调制电路、模拟多路转换器、A/D 转换器等电路。单片机如图 1-34 所示。

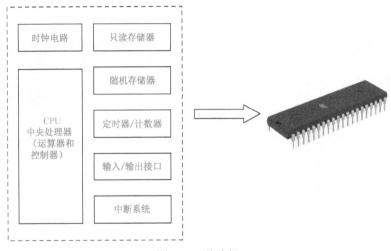

图 1-34　单片机

单片机既是一块集成电路，也是一个微型计算机。概括的讲：一块芯片就成了一台计算机。它的体积小、重量轻、价格便宜，为学习、应用和开发提供了便利条件。同时，学习使用单片机是了解计算机原理与结构的最佳选择。各种单片机实物图如图 1-35 所示。

AT89S51-DIP　　　　STC89C52RC-DIP　　　　AT89S52-TQFP　　　　AT89C2051-DIP

图 1-35　各种单片机实物图

单片机是其早期的含义，由于单片机被更多地应用于控制系统及与控制有关的数据处理场合，是典型的嵌入式微控制器，因而目前应确切称其为微控制器（Microcontroller Unit），英文缩写为 MCU，单片机的称谓只是保留了其习惯称呼。

单片机的应用从根本上改变了传统的控制系统设计思想和设计方法。以往由继电器接触器控制，模拟电路、数字电路实现的大部分控制功能，现在都能够使用单片机通过软件的方式来实现，这种以软件取代硬件并能够提高系统性能的微控制技术，随着单片机应用的推广普及，不断发展，日益完善。因此，了解单片机，掌握其应用及开发技术，具有划时代的意义。

二、什么是单片机系统

在各类电子产品中，利用单片机实施控制的系统称为单片机应用系统。单片机应用系统由硬件系统和软件系统两部分组成，二者缺一不可，如图 1-36 所示。

硬件是应用系统的基础，软件则是在硬件的基础上对其资源进行合理调配和使用，从而

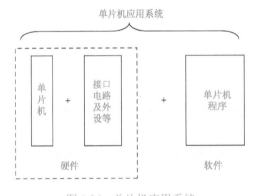

图 1-36　单片机应用系统

完成应用系统所要求的任务，软件是单片机应用系统的灵魂。

知识链接二 MCS-51 单片机的外部引脚及最小应用系统

单片机在应用中是通过其外部引脚与接口电路、外设及被控对象相连接的。要想熟练使用单片机，首先应对其外部引脚的名称及功能充分了解，下面我们来了解一下 MCS-51 单片机的外部引脚。

一、MCS-51 单片机简介

以 8051 为核心的单片机，统称为 MCS-51 单片机。MCS-51 系列单片机是 Intel 公司于 1980 年推出的 8 位高档单片机，其系列产品包括基本型 8031/8051/8751/8951，80C51/80C31；增强型 8052/8032；改进型 8044/8744/8344；其中，80C51/80C31 采用 CHMOS 工艺，功耗低。

MCS-51 系列单片机应用广泛，资料丰富，因此本书主要以 MCS-51 单片机为例来介绍单片机的基本知识。但由于 Intel 公司主要致力于计算机的 CPU 研究和开发，所以授权一些厂商以 MCS-51 系列单片机为核心生产各自的单片机，这些单片机统称 MCS-51 单片机，它们与 MCS-51 单片机兼容，又各具特点，其中最具代表性的是 Atmel 公司的 AT89S51 和 AT89S52 单片机，宏晶公司的 STC89C51RC 和 STC89C52RC，它们均采用 Flash 存储器作为 ROM，读写速度快，擦写方便，尤其在具备系统可编程（In-System Programming，ISP）功能，性能优越，成为市场占有率最大的产品。在本书的仿真电路中均采用 Atmel 公司的 AT89C51。

二、MCS-51 单片机的外部引脚

MCS-51 系列中各类型单片机的引脚是相互兼容的，用 HMOS 工艺制造的单片机大多采用 40 脚双列直插（DIP）封装，当然，不同芯片之间的引脚功能会略有差异，用户在使用时应当注意。

MCS-51 是高档 8 位单片机，但由于受到集成电路芯片引脚数目的限制，许多引脚具有第二功能。MCS-51 的引脚和逻辑符号如图 1-37 所示。

MCS-51 的 40 个引脚按其功能类别分为以下四类：电源引脚、时钟引脚、并行 I/O 接口引脚、编程控制引脚。各引脚功能如下：

1. 电源引脚（2 个）：VCC 和 VSS

VCC（40 脚）：电源输入端，一般为+5V。
VSS（20 脚）：共用地端。

2. 时钟电路引脚（2 个）：XTAL1（19 脚）和 XTAL2（18 脚）

在使用内部振荡电路时，XTAL1 和 XTAL2 用来外接石英晶体和微调电容，振荡频率为晶振频率，振荡信号送至内部时钟电路产生时钟脉冲信号。在使用外部时钟时，用于外接外部时钟源。

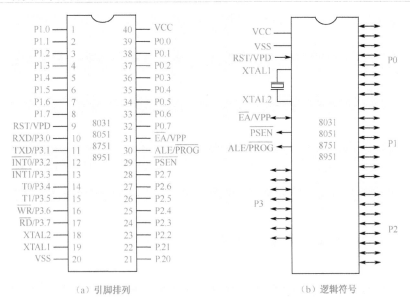

（a）引脚排列　　　　　　　　　（b）逻辑符号

图 1-37　MCS-51 引脚排列及逻辑符号

3. 并行 I/O 接口引脚（32 个）：P0、P1、P2 和 P3

MCS-51 单片机共有 4 个 8 位并行 I/O 接口，分别为 P0、P1、P2、P3，其中 P0 口的第 1 位表示为 P0.0，第 2 位表示为 P0.1，以此类推。

P0 口（32～39 脚）：8 位双向三态 I/O 口，每个口线可独立控制。MCS-51 单片机 P0 口内部没有上拉电阻，为高阻状态，所以不能正常输出高电平，因此 P0 口在作为 I/O 口使用时必须外接上拉电阻，阻值一般取 10kΩ。P0 口除了作 I/O 口外，在系统扩展时还用于构建系统的数据总线和地址总线的低 8 位。

P1 口（1～8 脚）：8 位准双向并行 I/O 口，每个口线可独立控制，由于内部已有上拉电阻，作输出时没有高阻状态，输入也不能锁存，故不是真正的双向 I/O 接口。

P2 口（21～28 脚）：8 位准双向并行 I/O 口，每个口线可独立控制，内部带有上拉电阻，与 P1 口相似，所不同的是，P2 口在系统扩展时还用于构建系统的地址总线的高 8 位。

P3 口（10～17 脚）：8 位准双向并行 I/O 口，每个口线可独立控制，内部带有上拉电阻。作为第一功能使用时为普通 8 位并行 I/O 口，与 P1 相似。在系统中，这 8 个引脚又具有各自的第二功能，如表 1-7 所示。P3 口的每一个引脚均可独立定义为第一功能的输入/输出或第二功能。

表 1-7　P3 口的第二功能

P3 口	第 二 功 能	功 能 含 义
P3.0	RXD	串行数据输入端
P3.1	TXD	串行数据输出端
P3.2	$\overline{INT0}$	外部中断 0 的中断请求输入端
P3.3	$\overline{INT1}$	外部中断 1 的中断请求输入端
P3.4	T0	定时／计数器 T0 的外部脉冲输入端
P3.5	T1	定时／计数器 T1 的外部脉冲输入端
P3.6	$\overline{WR}$	外部数据存储器写选通信号
P3.7	$\overline{RD}$	外部数据存储器读选通信号

关于并行 I/O 接口，我们将在项目二中做详细介绍。

所谓上拉电阻就是指当某个引脚为高阻状态时，能够将该引脚的电平拉升为高电平的电阻。比如 P0 口作输出时如果输出"1"，则为高阻状态，要想得到高电平，需要在该引脚与+5V 之间接一个电阻（一般为 10kΩ），这个电阻的作用就是将该引脚上拉为高电平。

4. 编程控制引脚（4 个）：RST/ VPD，ALE/$\overline{\text{PROG}}$，$\overline{\text{PSEN}}$ 和 $\overline{\text{EA}}$/VPP

RST/ VPD（9 脚）：RST 为复位信号输入端。当 RST 端保持两个机器周期以上的高电平时，单片机完成复位操作。VPD 为内部 RAM 的备用电源输入端。当电源 VCC 一旦断电或者电压降到一定值时，可以通过 VPD 为单片机内部 RAM 提供电源，以保护片内 RAM 中的信息不丢失，且上电后能够继续正常运行。

ALE/$\overline{\text{PROG}}$（30 脚）：ALE 为地址锁存信号。访问外部存储器时，ALE 作为低 8 位地址锁存信号。$\overline{\text{PROG}}$ 为 8751 内部 EPROM 编程时的编程脉冲输入端。

$\overline{\text{PSEN}}$（29 脚）：外部程序存储器的读选通信号，当访问外部 ROM 时，$\overline{\text{PSEN}}$ 产生负脉冲作为外部 ROM 的选通信号。

$\overline{\text{EA}}$/VPP（31 脚）：$\overline{\text{EA}}$ 为访问程序存储器的控制信号。当 $\overline{\text{EA}}$ 接低电平时，CPU 对 ROM 的访问限定在外部程序存储器；当 $\overline{\text{EA}}$ 接高电平时，CPU 对 ROM 的访问从内部 0～4KB 地址开始，并可以自动延至外部超过 4KB 的程序存储器。VPP 为单片机内部 EPROM 编程的 21V 电源输入端。

三、MCS-51 单片机最小应用系统

要让单片机"跑"起来，也就是 Run（运行）起来，其实就是要建立单片机应用系统。单片机最小应用系统是指维持单片机正常工作所必需的电路连接。早期的单片机（如 8031）内部没有程序存储器，必须在其外部另外连接一块程序存储器才能构成最小应用系统。对于片内含有程序存储器的单片机，将时钟电路和复位电路接入即可构成单片机最小应用系统，该系统接+5V 电源、配以相应的程序就能够独立工作，完成一定的功能。

目前市场上所有的 MCS-51 单片机内部均含有中央处理器、程序存储器、数据存储器及输入/输出接口电路等，只需很少的外围元件将时钟和复位电路连接完成，即可构成单片机最小应用系统，如图 1-38 所示。

由 MCS-51 单片机最小应用系统可以看出，单片机正常工作所必需的三个条件如下：

1. 电源

电源为整个单片机系统提供能源。单片机的 40 脚（VCC）接电源+5V 端，20 脚（VSS）接电源地端。

2. 时钟电路

单片机时钟电路是单片机的核心部分，为单片机内部各功能部件提供一个高稳定性的时钟脉冲信号，以便为单片机执行各种动作和指令提供基准脉冲信号。单片机内部有一个用于构成振荡器的高增益放大器，19 脚（XTAL1）和 18 脚（XTAL2）分别是此放大器的输入端

和输出端，所以只需在片外接一个晶振便构成自激振荡器。图 1-38 中的晶振 X1 和电容 C1、C2 与单片机内部电路构成单片机的时钟电路。晶振两端的电容一般选择为 30pF 左右，这两个电容对频率有微调的作用，晶振的频率范围可在 1.2～24MHz 选择，常使用 6MHz 或 12MHz，在通信系统中则常用 11.0592MHz。为了减少寄生电容，更好地保证振荡器稳定、可靠地工作，振荡器和电容应尽可能安装得与单片机芯片靠近。

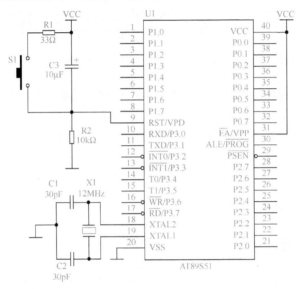

图 1-38　MCS-51 单片机最小应用系统

3．复位电路

使单片机内各寄存器的值变为初始状态的操作称为复位。例如复位后单片机会从程序的第一条指令运行，避免出现混乱。

单片机复位的条件：当 9 脚（RST）出现高电平并保持两个机器周期以上时，单片机内部就会执行复位操作。复位包括上电复位和手动复位，如图 1-39 所示。上电复位是指在上电瞬间，RST 端和 VCC 端电位相同，随着电容的充电，电容两端电压逐渐上升，RST 端电压逐渐下降，完成复位；手动复位是指在单片机运行中，按下 RESET 键，RST 端电位即为高电平，完成复位。

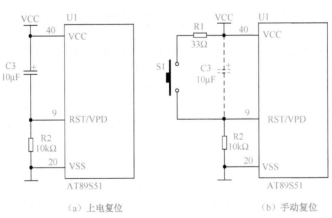

（a）上电复位　　　　　　　（b）手动复位

图 1-39　上电复位和手动复位

知识链接三　单片机中的数制

所谓数制，就是利用符号和一定的规则进行计数的方法。在日常生活中，人们习惯的计数方法是十进制数，而数字电路中只有两种电平特性，即高电平和低电平，这也就决定了数字电路中使用二进制。

一、十进制

十进制数大家应该都不陌生，它的基本特点如下。

（1）共有 10 基本数码：0、1、2、3、4、5、6、7、8、9。

（2）逢十进一，借一当十。

二、二进制

二进制数的基本特点如下。

（1）共有 2 个基本数码：0、1。

（2）逢二进一，借一当二。

十进制数 1 转换为二进制数是 1B（这里用后缀 B 表示二进制数）；十进制数 2 转换为二进制数时，因为已到 2，则进 1，所以对应的二进制数为 10B；十进制数 3 为 10B+1B=11B，4 为 11B+1B=100B，5 为 100B+1B=101B。依次类推，当十进制数为 255 时，对应的二进制数为 11111111B。

从上面的过程可以看出，当二进制数转换成十进制数时，从二进制数的最右一位数起，最右边的第一个数乘以 2 的 0 次方，第二个数乘以 2 的 1 次方……依次类推，把各结果累计相加就是转换后的十进制数。例

$$11010B=1\times2^4+1\times2^3+0\times2^2+1\times2^1+0\times2^0=16+8+0+2+0=26$$

三、十六进制

二进制数太长了，书写不方便并且很容易出错，转换成十进制数又太麻烦，所以就出现了十六进制。

十六进制数的基本特点是：

（1）共有 16 个基本数码：0、1、2、3、4、5、6、7、8、9、A、B、C、D、E、F。

（2）逢十六进一，借一当十六。

十进制数的 0～15 表示成十六进制数分别为 0～9，A，B，C，D，E，F，其中 A 对应十进制数 10，B 对应 11，C 对应 12，D 对应 13，E 对应 14，F 对应 15。为了和十进制数相区分，我们一般在十六进制数的最后面加上后缀 H，表示该数为十六进制数，如 BH，46H 等。但在 C 语言编程时是在十六进制数的最前面加上前缀"0x"，表示该数为十六进制数，如 0xb,0xde 等。这里的字母不区分大小写。

可能大家这时会有疑问，为什么要使用十六进制呢？要回答这个问题，我们先讨论下面一个问题。

一个 n 位二进制数共有多少个数？

1 位二进制数共有：0、1 两个数；

2 位二进制数共有：0、1、10、11 四个数；

3 位二进制数共有：0、1、10、11、100、101、110、111 八个数；

4 位二进制数共有：0、1、10、11、100、101、110、111、1000、1001、1010、1011、1100、1101、1110、1111 十六个数；

……

所以一个 n 位二进制数共有 2^n 个数。

一个 4 位二进制数共有十六个数，正好对应十六进制的十六个数码，这样一个 1 位十六进制数和一个 4 位二进制数正好形成一一对应的关系。而在单片机编程中使用最多的是 8 位二进制数，如果使用 2 位十六进制数来表示将变得极为方便。

关于十进制、二进制和十六进制数之间的转换，我们要熟练掌握 0～15 的数的相互转换，并且要牢记于心。二进制、十进制和十六进制 0～15 的对应关系如表 1-8 所示。表中的二进制数不足 4 位的均补 "0"。

表 1-8　二、十、十六进制 0～15 的对应表

十进制	二进制	十六进制	十进制	二进制	十六进制
0	0000	0	8	1000	8
1	0001	1	9	1001	9
2	0010	2	10	1010	A
3	0011	3	11	1011	B
4	0100	4	12	1100	C
5	0101	5	13	1101	D
6	0110	6	14	1110	E
7	0111	7	15	1111	F

我们在进行单片机编程时常常会碰到其他较大的数，这时我们用 Windows 系统自带的计算器，可以非常方便地进行二进制、八进制、十进制、十六进制数之间的任意转换。首先打开附件中的计算器，单击菜单【查看】→【科学型】，其界面如图 1-40 所示。然后选择一种进制，输入数值，再单击需要转换的进制，即可得到相应进制的数。

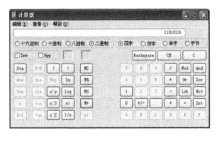

图 1-40　Windows 自带的计算器界面

知识链接四　单片机常用开发工具和程序设计语言

单片机本身不具备自主开发能力，必须借助开发工具编制、调试、固化程序。

一、仿真器

所谓仿真，就是采用可控的手段来模仿单片机应用系统中的 ROM、RAM 和 I/O 端口等，可以是软件仿真，也可以是硬件仿真。

软件仿真主要是通过计算机软件来模拟运行，用户不需要搭建硬件电路就可以对程序进行调试验证。

硬件仿真就是将仿真器的一端连接到计算机上，代替了单片机的功能，另一端通过仿真头连接到单片机应用系统的单片机插座上，如图 1-41 所示。通过仿真器用户可以对程序的运行进行控制，如单步、设置断点、全速运行等。

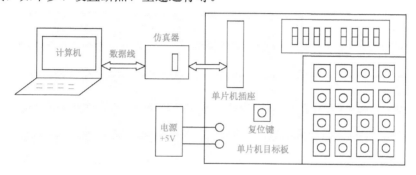

图 1-41　仿真器与计算机、目标板的连接

仿真器硬件仿真具有直观性、实时性和调试效率高等优点。

二、编程器和 ISP 下载线

编程器和 ISP 下载线都是将十六进制（HEX）文件或二进制（BIN）文件固化到单片机程序存储器中的设备，俗称烧写器。

程序编写完成后经调试无误，经过编译生成十六进制文件（扩展名为 HEX）或二进制文件（扩展名为 BIN），固化到单片机的程序存储器中，以便单片机在目标电路板上运行。由于芯片生产厂家多，型号也多，所以通用编程器应支持多种芯片程序的读写操作，好的编程器支持的芯片型号很多。

由于单片机一般都可以反复烧写数千次，而仿真器大多价格昂贵，因此在单片机开发过程中，如果没有仿真器，我们可以采用软件仿真，使用编程器反复烧写、实验达到调试的目的。

ISP（In-System Programming）意为"在系统可编程"，是指将程序烧写到单片机的程序存储器时，不需要将单片机从目标板上拔出，而是通过专用的 ISP 下载线对单片机程序进行烧写，也就是将计算机上编译好的 HEX 文件下载到单片机的程序存储器中运行。常见的 ISP下载线如图 1-42 所示。

　（a）并行口下载线　　　　　　（b）USB 口下载线　　　　　　（c）USB 口下载线

图 1-42　常见的 ISP 下载线

使用 ISP 下载线烧写程序，要求单片机必须支持 ISP 功能，并在目标电路板上留出与上位机的接口（ISP 插座），就可以通过 ISP 下载线实现对单片机内部存储器的改写。

小贴士

读者想要了解关于单片机开发工具的使用，可以参考相关书籍，本书的所有项目及实例都是在 Proteus 软件上实现的。

三、程序设计语言简介

单片机编程过程中主要使用的语言有三种，分别是机器语言、汇编语言和高级语言。

1. 机器语言

由二进制数字"0"和"1"组成，是单片机可以直接识读和执行的二进制数字串。如指令：0111010100110000010101 ，表示给片内数据存储器 30H 单元传送立即数 55H。但由于机器语言过于抽象，编写中容易出错，在编程中基本上是不使用的。

2. 汇编语言

由助记符构成的符号化语言，其助记符大部分为英语单词的缩写，方便记忆。如指令：MOV 30H，#55H，表示给片内数据存储器 30H 单元传送立即数 55H。由此可以看出，使用汇编语言编写单片机程序相对于机器语言其易读性大大增加，比较直观，较易掌握，并且由于编写的程序直接操作单片机内部寄存器，所以生成的机器语言程序精简，执行效率高。但需要记忆助记符及指令，比如 MCS-51 单片机共有 111 条指令，并且不同公司、不同类型的单片机其指令系统有所不同，不具有移植性。汇编语言编写的程序是不能直接被单片机执行的，需要经过翻译（汇编）成机器语言程序。

3. 高级语言

高级语言是由语句组成的，较之汇编语言，更符合人类语言习惯。编写单片机程序的高级语言有 C 语言、C++语言。如语句：a=0x55；表示将十六进制数 55H 赋给变量 a，a 的地址由编译器自动分配。高级语言不需要记忆大量的指令，容易掌握，编程效率高，尤其是编写的程序便于移植。高级语言编写的程序也必须经过编译成机器语言程序才能被单片机执行。

项目综合训练

综合训练　Proteus 与 Keil 整合构建单片机
虚拟实验室

对于较为复杂的程序,如果运行没有达到预期的效果,这时可能需要使用 Proteus 和 Keil 进行联合调试。

一、Proteus 和 Keil C51 建立通信

联合调试之前需要先安装 vdmagdi.exe，然后在 Proteus 和 Keil μVision 3 中进行相应的设置，在二者之间建立通信。vdmagdi.exe 文件可到 Proteus 官方网站下载，也可以在本书案例压缩包文件中找到。

联合调试时，可先打开 Proteus 案例（注意不能运行案例），然后选中【Debug】（调试）菜单中的【Use Remote Debug Monitor】（使用远程调试设备）选项，这使得 Keil C 能与 Proteus 进行通信。

完成上述设置后，再到 Keil C 中打开项目单击菜单【Project】→【Options for Target】，或单击工具栏上的"Options for Target"按钮，打开如图 1-43 所示的项目选项对话框，在 Debug 选项卡中选中右边的"Use"及其中的选项"Proteus VSM Simulator"，如果 Proteus 和 Keil C 安装在同一台计算机中，右边"Setting"中的 Host 与 Port 可保持默认值 127.0.0.1 与 8000 不变，如果在不同的两台计算机之间调试，则需要对 IP 地址进行相应修改。

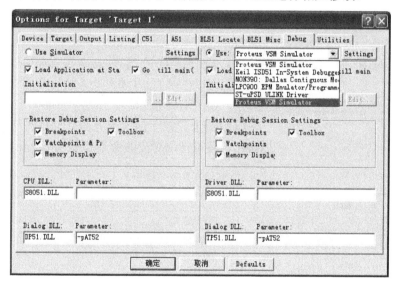

图 1-43　项目选项对话框

二、Proteus 和 Keil C51 联调应用举例

下面以我们前面 Proteus 建立的流水灯仿真电路和 Keil C 建立的项目来说明联合调试过程。

首先打开本书配套资料中的"仿真实例\1-01"文件夹，双击"1-01.DSN"图标，打开 Proteus 仿真原理图，选中【Debug】菜单中的【Use Remote Debug Monitor】选项。

然后启动 Keil C 软件，选中【Project】菜单中的【Open Project】选项，打开本书配套资料中"仿真实例\1-01"文件夹中的 1-01.Uv2 项目文件，在项目选项对话框中，设置仿真器为"Proteus VSM Simulator"，并对 IP 地址和端口进行相应设置。

完成上述设置后，单击 Keil C 的工具栏的"Start/Stop Debug Session"按钮，进入 Keil C 的调试界面，如图 1-44 所示。

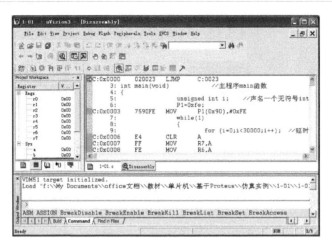

图 1-44   Keil C 的调试界面

这时 Proteus 仿真电路已经进入预运行状态。在 Keil C 中全速运行程序时，Proteus 中的单片机系统也会自动运行，如果希望观察运行过程中的某些变量值或者设备状态，需要在 Keil C 中恰当使用 Step in/Step over/Step out/Run to cursor line 及 BeakPoint 进行跟踪。

进入调试状态后，界面与编辑状态相比有明显的变化，【Debug】菜单项中原来不能用的命令现在已可以使用了，工具栏会多出一个用于运行和调试的工具条，如图 1-45 所示。

图 1-45   调试工具条

【Debug】菜单上的大部分命令可以在此找到对应的快捷按钮，各按钮所对应的命令如表 1-9 所示。

表 1-9   调试工具条的命令

编　号	命　令	编　号	命　令	编　号	命　令
1	复位	8	下一状态	15	内存窗口
2	运行	9	打开跟踪	16	性能分析
3	暂停	10	观察跟踪	17	逻辑分析器窗口
4	单步	11	反汇编窗口	18	符号窗口
5	过程单步	12	观察窗口	19	工具按钮
6	执行完当前子程序	13	代码作用范围分析		
7	运行到当前行	14	1#串行窗口		

学习程序调试，必须明确两个重要的概念，即单步执行与全速运行。全速执行是指一行程序执行完以后紧接着执行下一行程序，中间不停止，这样程序执行的速度很快，并可以看到该段程序执行的总体效果，即最终结果是正确还是错误，但如果程序有错，则难以确认错误出现在哪些程序行。单步执行是每次执行一行程序，执行完该行程序以后即停止，等待命令执行下一行程序，此时可以观察该行程序执行完以后得到的结果，是否与我们写该行程序所想要得到的结果相同，借此可以找到程序中问题所在。程序调试中，这两种运行方式都要用到。

使用菜单【Debug】→【Step】或相应的命令按钮或使用快捷键 F11 可以单步执行程序，使用菜单【Debug】→【Step Over】或功能键 F10 可以以过程单步形式执行命令，所谓过程单步，是指将程序中的子函数作为一个语句来全速执行。

按下 F11 键，可以看到源程序窗口的左边出现了一个黄色调试箭头，指向源程序的第一行，如图 1-46 所示。每按一次 F11 键，即执行该箭头所指程序行，然后箭头指向下一行，当箭头指向 for（i=0;i<30000;i++）; 行时，再次按下 F11 键会发现，箭头指向了 for（i=0;i<30000;i++）; 所对应的汇编程序的第一行。不断按 F11 键，即可逐步执行延时程序。

```
C:0x0000    020023   LJMP      C:0023
   3: int main(void)            //主程序main函数
   4: {
   5:               unsigned int i;    //声名一个无符号int型变量i
   6:               P1=0xfe;
C:0x0003    7590FE   MOV       P1(0x90),#0xFE
   7:               while(1)
   8:               {
   9:                  for (i=0;i<30000;i++);    //延时一段时间
C:0x0006    E4       CLR       A
C:0x0007    FF       MOV       R7,A
C:0x0008    FE       MOV       R6,A
C:0x0009    0F       INC       R7
C:0x000A    BF0001   CJNE      R7,#0x00,C:000E
C:0x000D    0E       INC       R6
⇒C:0x000E   BE75F8   CJNE      R6,#0x75,C:0009
C:0x0011    BF30F5   CJNE      R7,#0x30,C:0009
  10:                  P1=_crol_(P1,1);         //对P2口
C:0x0014    AF90     MOV       R7,P1(0x90)
C:0x0016    7801     MOV       R0,#0x01
C:0x0018    EF       MOV       A,R7
C:0x0019    08       INC       R0
C:0x001A    8001     SJMP      C:001D
C:0x001C    23       RL        A
C:0x001D    D8FD     DJNZ      R0,C:001C
C:0x001F    F590     MOV       P1(0x90),A
```

图 1-46 调试窗口

通过单步执行程序，可以找出一些问题的所在，但是仅依靠单步执行来查错有时是困难的，或虽能查出错误但效率很低，为此必须辅之以其他的方法，如本例中的延时程序是通过将 while（i--）; 这一行语句执行 50000 次来达到延时的目的，如果用按 50000 次 F11 键的方法来执行完该程序行，显然不现实，为此，可以采取以下方法。

第一种方法，用鼠标在循环程序的最后一行点一下，把光标定位于该行，然后用菜单【Debug】→【Run to Cursor Line】（执行到光标所在行），即可全速执行完黄色箭头与光标之间的程序行。

第二种方法，在进入该循环程序后，使用菜单【Debug】→【Step Out of Current Function】（单步执行到该函数外），使用该命令后，即全速执行完调试光标所在的子函数并指向主程序中的下一行程序。

第三种方法，在开始调试的，按 F10 键而非 F11 键，程序也将单步执行，不同的是，执行到调用子函数行时，按下 F10 键，调试光标不进入子函数的内部，而是全速执行完该子函数，然后直接指向下一行。灵活应用这几种方法，可以大大提高查错的效率。

程序调试时，一些程序行必须满足一定的条件才能被执行到（如程序中某变量达到一定的值、按键被按下、串口接收到数据、有中断产生等），这些条件往往是异步发生或难以预先设定的，这类问题使用单步执行的方法是很难调试的，这时就要使用到程序调试中的另一种非常重要的方法——断点设置。断点设置的方法有多种，常用的是在某一程序行设置断点，设置好断点后可以全速运行程序，一旦执行到该程序行即停止，可在此观察有关变量值，以确定问题所在。在程序行设置/移除断点的方法是将光标定位于需要设置断点的程序行，使用菜单【Debug】→【Insert/Remove BreakPoint】设置或移除断点（也可以用鼠标在该行双击实现同样的功能）；【Debug】→【Enable/Disable Breakpoint】是开启或暂停光标所在行的断点功能；【Debug】→【Disable All BreakPoint】暂停所有断点；【Debug】→【Kill All BreakPoint】清除所有的断点设置。这些功能也可以用工具条上的快捷按钮进行设置。

知识巩固与技能训练

1. 什么是单片机？什么是单片机系统？
2. 什么是单片机的最小系统？试画出 AT89S51 单片机最小系统原理图。
3. 写出 MCS-51 单片机正常工作的 3 个必要条件。
4. 使用 Proteus 建立流水灯电路。
5. 使用 Keil 软件建立一个工程并进行相应的设置，建立一个源文件并进行编译。
6. 建立 Proteus 和 Keil 通信，并进行相应设置，完成联合调试。

简单并行 I/O 接口的应用

知识目标

1. 了解 MCS-51 单片机 4 个 I/O 端口结构及各自功能
2. 掌握 C51 语言基本结构
3. 理解 if 语句、while 语句和 for 语句的含义
4. 理解变量与数组的概念

技能目标

1. 掌握并绘制 LED、继电器、电动机和扬声器的接口电路
2. 会使用 if 语句、while 语句和 for 语句编写相应的控制程序
3. 会绘制程序流程图

技能应用一　LED 控制电路的设计

LED 发光二极管是几乎所有的单片机系统都要用到的显示器件，常见的 LED 发光二极管主要有红色、绿色、蓝色等单色发光二极管，另外还有一种能发红色和绿色光的双色二极管。下面我们就学习使用单片机控制 LED 的发光及各种变换。

一、点亮 LED

1．技能要求

单片机 P1 口分别接 8 只 LED，程序控制相应 LED 点亮或熄灭，进而控制其闪烁。

2．仿真电路图

驱动 LED，可分为低电平点亮和高电平点亮两种。由于 P1～P3 口内部上拉电阻较大，为 20～40kΩ，属于"弱上拉"，因此 P1～P3 口引脚输出高电平电流 I_{OH} 很小（为 30～60μA）。而输出低电平时，下拉 MOS 管导通，可吸收 1.6～15mA 的灌电流，负载能力较强。因此两种驱动 LED 的电路在结构上有较大差别。在如图 2-1（a）所示的电路中，对 D1 的低电平驱动是可以的，而对 D2 的高电平驱动是错误的，因为单片机提供不了点亮 LED 所需的输出电流。正确的高电平驱动可以采用如图 2-1（b）所示的电路。因为高电平驱动时需要另加三极管，所以在实际电路设计中，一般采用低电平驱动方式。

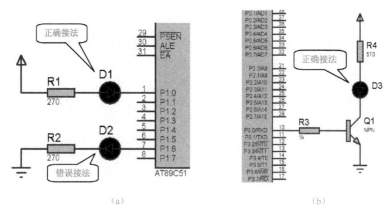

图 2-1　LED 驱动电路

综上所述，欲控制 LED 发光二极管的亮灭，只需使与其相连的口线输出相应的高低电平即可。

　小贴士

电路中的限流电阻不能太大，否则不能点亮 LED。另外，关于驱动电流的问题，使用 Proteus 仿真与使用实际电子元件制作的电路是有区别的，在图 2-1(a)所示的错误接法中，使用 Proteus

仿真时 D2 是可以点亮的，而实际的硬件电路 D2 则无法点亮。

LED 控制电路共有 7 种元件，如表 2-1 所示。

表 2-1　流水灯电路用到的元件名称及所在的库

元 件 名 称	代　号	所在库名称
单片机	AT89C51	Microprocessor ICs
晶振	CRYSTAL	Miscellaneous
瓷介电容	CAP	Capacitors
电解电容	CAP-ELEC	Capacitors
电阻	RES	Resistors
按键	BUTTON	Switches & Relays
发光二极管	LED-GREEN	Optoelectronics

LED 控制电路如图 2-2 所示。

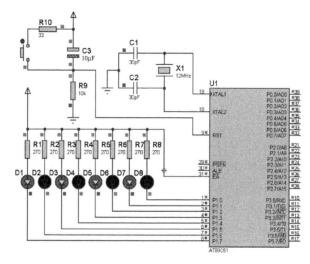

图 2-2　LED 控制电路

3. 程序设计与调试

程序的开头需要包含头文件 reg51.h，该头文件中定义了所有的特殊功能寄存器（SFR）。下面我们使用字节操作和位操作两种方法编写程序，点亮接在 P1.1、P1.3、P1.5、P1.7 引脚的 4 只 LED。

方法一（字节操作）：

```
#include <reg51.h>          //MCS-51 系列单片机头文件
int main(void)              //主程序 main 函数
{
    while(1)                //在主程序中设置死循环程序
    {
        P1=0x55;            //把十六进制数 0x55（即二进制数 01010101）赋给 P1
    }
}
```

在这个程序中，P1=0x55 是指把十六进制数 0x55 赋给 P1 口，0x55 对应的二进制数是 01010101，这样，在 P1 口的 8 个脚就会输出二进制数 01010101，其对应电平为：低高低高低高低高，高位在前，即 P1.7 输出低电平，P1.0 输出高电平，由于电路设计为低电平驱动方式，因此对应的 LED 由左至右依次为：亮灭亮灭亮灭亮灭。

读者可以修改本程序，控制其他 LED 的亮或灭。

方法二（位操作）：

```
#include <reg51.h>          //MCS-51 系列单片机头文件
sbit led7= P1^7;            //定义 P2.7 名字为 led7
sbit led5= P1^5;
sbit led3= P1^3;
sbit led1= P1^1;
int main(void)              //主程序 main 函数
{
    P2=0xff;               //全灭。此语句可省略，因复位后 P2 即为 0xff
while(1)                    //在主程序中设置死循环程序
    {
        led7=0;           //点亮第 1 只
        led5=0;           //点亮第 3 只
        led3=0;           //点亮第 5 只
        led1=0;           //点亮第 7 只
    }
}
```

小贴士

当在头文件 reg51.h 中定义了特殊功能寄存器 P1 之后，P1^0 则表示 P1 口的第 0 位，但是符号^在标准的 C 里面是按位异或操作，所以我们在程序中不能直接使用 P1^0 来当做 P1 口的第 0 位来用，因为这样编译器会编译成 P1 口和 0 做异或操作。我们应该使用 sbit 来定义，例如 sbit led=P1^0;这样我的程序就可以使用位变量 led 来表示 P1 口的第 0 位了。

欲使某位二极管闪烁，可先点亮该位，再熄灭，然后循环。程序如下：

```
#include <reg51.h>          //MCS-51 系列单片机头文件
sbit led7= P1^7;
int main(void)              //主程序 main 函数
{
    while(1)                //在主程序中设置死循环程序
    {
        led7=0;           //点亮第 1 只
        led7=1;           //熄灭第 1 只
    }
}
```

但实际运行这个程序发现接在 P1.7 口线的 LED 一直在亮，只是亮度稍暗，原因是单片机执行一条指令速度很快，大约 1μm（具体时间和时钟与具体指令的指令周期有关）。也就是说，二极管确实在闪烁，只不过速度太快，由于人的视觉暂留现象，主观感觉一直在亮。解决的办法是在点亮和熄灭后都要加入延时，使亮的时间和灭的时间足够长。

让第 1 只发光二极管不停地闪烁。实现的方法有字节操作和位操作两种。

方法一（字节操作）：

```
#include <reg51.h>          //MCS-51 系列单片机头文件
int main(void)              //主程序 main 函数
{
```

```
    unsigned int i;            //定义无符号整型变量 i
    while(1)                   //在主程序中设置死循环程序
    {
        P1=0x7f;               //点亮第一只发光二极管
        i=30000;               //i 赋值 30000
        while(i--);            //30000 次循环, 消耗时间达到延时的目的
        P1=0xff;               //熄灭所有的 LED 灯
        i=30000;
        while(i--);            //延时
    }
}
```

方法二（位操作）：

```
#include <reg51.h>            //MCS-51 系列单片机头文件
sbit led7= P1^7;
int main(void)                //主程序 main 函数
{
    unsigned int i;           //定义无符号整型变量 i
    while(1)                   //在主程序中设置死循环程序
    {
        led7=!led7;            //led7 取反
        i=30000;               //i 赋值 30000
        while(i--);            //30000 次循环, 消耗时间达到延时的目的
    }
}
```

小贴士

所谓延时，实际上是让单片机反复不停地执行指令，虽然执行 1 条指令时间很短，但执行上万条指令时间就很可观了。由于 i 为无符号整型变量，取值范围为 0～65535。改变循环次数（即 i 值）可改变延时时间，从而改变闪烁频率。

二、流水灯的设计

1. 技能要求

单片机 P2 口分别接 8 只 LED，程序控制 8 只 LED 从左到右或者从右到左循环滚动点亮，产生流水灯的效果。

2. 仿真电路图

流水灯电路所需要的元件和 LED 控制电路的元件相同。流水灯电路如图 2-3 所示。

3. 程序设计与调试

只要将发光二极管 D1～D8 轮流点亮和熄灭，8 只 LED 便会一亮一灭地形成流水灯的效果了。

使 P2 口的 8 只 LED 实现流水灯的功能，其程序流程图如图 2-4 所示。

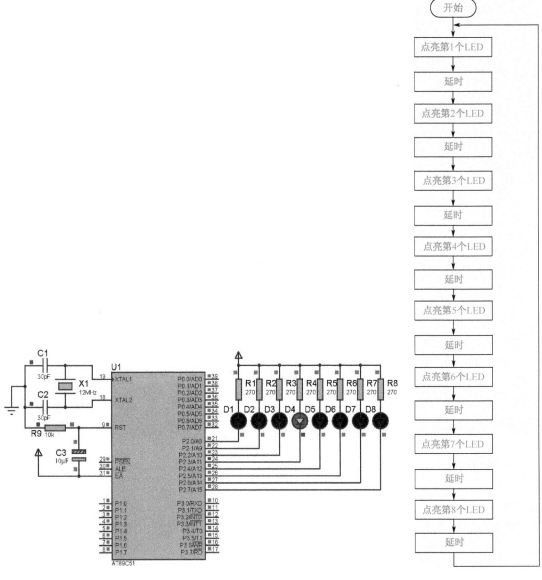

图2-3　流水灯电路　　　　　　　　　　　　　　图2-4　流水灯程序流程图

根据流程图，按字节操作的程序如下（读者可以自行编写按位操作的程序）：

```
#include <reg51.h>          //MCS-51 系列单片机头文件
delay()                     //延时子函数
{
    unsigned int i;
    for (i=0;i<30000;i++);  //用 for 语句实现 30000 次循环
}
int main(void)              //主程序 main 函数
{
    while(1)                //在主程序中设置死循环程序
    {
        P2=0xfe;            //P2 口赋值 0xfe，点亮第 1 位 LED
        delay();            //调用延时子函数
        P2=0xfd;            //P2 口赋值 0xfd，点亮第 2 位 LED
```

```
        delay();                //调用延时子函数
        P2=0xfb;                //P2 口赋值 0xfb，点亮第 3 位 LED
        delay();                //调用延时子函数
        P2=0xf7;                //P2 口赋值 0xf7，点亮第 4 位 LED
        delay();                //调用延时子函数
        P2=0xef;                //P2 口赋值 0xef，点亮第 5 位 LED
        delay();                //调用延时子函数
        P2=0xdf;                //P2 口赋值 0xdf，点亮第 6 位 LED
        delay();                //调用延时子函数
        P2=0xbf;                //P2 口赋值 0xbf，点亮第 7 位 LED
        delay();                //调用延时子函数
        P2=0x7f;                //P2 口赋值 0x7f，点亮第 8 位 LED
        delay();                //调用延时子函数
    }
}
```

将这个程序编译后加载到流水灯电路的单片机中，看看 LED 是不是流动起来了？您也可以修改赋给 P2 口的值改变流动方向。

这个程序原理简单、清晰易懂，但方法有点笨。下面我们使用左移运算符"<<"和右移运算符">>"以及循环移位函数来实现同样的效果。

使用左移运算符"<<"实现流水灯效果的程序流程图如图 2-5 所示。

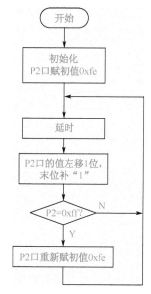

图 2-5 使用左移运算符"<<"实现流水灯效果的程序流程图

根据流程图，编写程序如下：

```
#include <reg51.h>              //MCS-51 系列单片机头文件
delay()                         //延时子函数
{
    unsigned int i;
    for (i=0;i<30000;i++);      //用 for 语句实现 30000 次循环
}
int main(void)                  //主程序 main 函数
{
    P2=0xfe;                    //P2 口赋初始值，点亮第 1 位 LED
```

```
    while(1)                     //在主程序中设置死循环程序
    {
        delay();                 //调用延时子函数
        P2=P2<<1|0x01;           //P2 口的值左移 1 位后再和 0x01 作或运算（末位补"1"）
        if (P2==0xff)            //如果左移 8 次，则等于 0xff
            {
                P2=0xfe;         //P2 口重新赋初值 0xfe
            }
    }
}
```

使用左移运算符"<<"实现流水灯效果的程序显然要比前面的程序简短、高效，由于左移运算符运算的结果是左移 1 位，末位自动补"0"，程序中需要指令在末位补一个"1"，但这样左移 8 次之后就变为全"1"，即 0xff，这时需要重新赋初值 0xfe。

使用循环左移函数实现流水灯效果的程序流程图如图 2-6 所示。

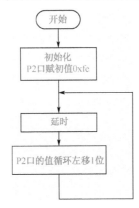

图 2-6　使用循环左移函数实现流水灯效果的程序流程图

根据流程图编写程序如下：

```
#include <reg51.h>              //MCS-51 系列单片机头文件
#include <intrins.h>           //MCS-51 系列单片机内部函数头文件
delay()                         //延时子函数
{
    unsigned int i;
    for (i=0;i<30000;i++);      //用 for 语句实现 30000 次循环
}
int main(void)                  //主程序 main 函数
{
    P2=0xfe;                    //P2 口赋初始值，点亮第 1 位 LED
    while(1)                     //在主程序中设置死循环程序
    {
        delay();                //调用延时子函数
        P2=_crol_ (P2,1);       //P2 口的值循环左移 1 位
    }
}
```

使用循环左移函数进行移位时，相当于所有的二进制数首尾相连成一个闭环，其中"0"和"1"的个数保持不变，给 P2 口赋的初值也可以是：0xfc、0xf8，这样就可以有两个、三个

LED 灯在流动。

读者可以修改以上 3 个程序，使用 8 只 LED 产生从左到右的流水灯效果。

三、花样彩灯控制器的设计

1. 技能要求

单片机 P2 口分别接 8 只 LED，程序控制 8 只 LED 实现复杂多变的花样显示效果。

2. 仿真电路图

花样彩灯控制器和流水灯电路的原理图完全相同，只是控制程序不同，花样彩灯控制电路如图 2-7 所示。

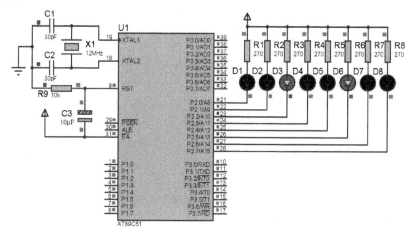

图 2-7　花样彩灯控制电路

3. 程序设计与调试

在流水灯的例子中，不管是左移还是右移，都是有规律，我们利用左、右移运算符或者左、右移函数便可轻松实现。但如果要实现复杂的、没有规律的变换，该怎么做呢？我们有两种方案可以选择，一种是采用最笨的方法，即依次给 P2 口赋值，但程序会很长；第二种方法是将所有的数据存入一个数组中，然后依次从这个数组中取数，即在循环程序中不断改变数组的下标，使赋给 P2 口的值不断变化，实现花样彩灯的效果。

花样彩灯效果的参考程序如下：

```
#include <reg51.h>              //MCS-51 系列单片机头文件
unsigned char tab[]=
{
0xfe,0xfd,0xfb,0xf7,0xef,0xdf,0xbf,0x7f,0x7f,0xbf,0xdf,0xef,0xf7,0xfb,0xfd,
0xfe,
0xff,0x7e,0xbd,0xdb,0xe7,0xdb,0xbd,0x7e,0xff
};                             //声明数组 tab 并赋值（共 25 个元素）
delay()                        //延时子函数
{
    unsigned int i;
    for (i=0;i<30000;i++);  //用 for 语句实现 30000 次循环
}
```

```
int main(void)                //主程序 main 函数
{
    unsigned char j;
    while(1)                   //在主程序中设置死循环程序
    {
        for (j=0;j<25;j++)   //25 次循环语句
        {
            P2=tab[j];       //数组 tab 中下标为 j 的元素赋给 P2 口
            delay();          //调用延时子函数
        }
    }
}
```

本例中的花样彩灯共有 25 种变化（25 种状态），要想使花样彩灯具有更多种的变化，只需要在数组中增加元素个数，并改变循环次数即可。

四、呼吸灯的设计

1. 技能要求

所谓呼吸灯，是指 LED 在单片机的控制下逐渐地由暗到亮、再由亮到暗的周期性变化，看起来就好像是在呼吸。单片机 P3.0 引脚接 LED，程序控制其产生呼吸灯的效果。

2. 仿真电路图

用单片机来制作呼吸灯，电路很简单，就是在单片机的引脚上，连接一个 LED 和一个限流电阻，如图 2-8 所示。

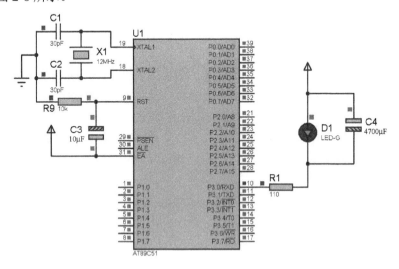

图 2-8　呼吸灯电路原理图

单片机的 I/O 口只能输出数字信号，即只能输出高电平和低电平，对应的 LED 也只有亮和灭两种状态，那么怎样才能使 LED 产生不同亮度呢？

这就需要用 PWM 波形来驱动，编程时，稍稍麻烦一点。PWM，即脉冲宽度调制，采用调整脉冲占空比达到调整电压、电流、功率的方法。图 2-9 所示为占空比分别是 10%、50% 和 90% 的三种 PWM 波形。

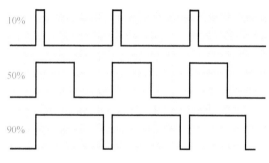

图 2-9　三种占空比不同的 PWM 波形

当 PWM 波形去控制 LED 时，因为 PWM 波的频率较高，由于人的眼睛具有视觉暂留现象，我们看到的 LED 并不是闪烁的，而是亮度较暗。占空比不同的 PWM 波控制 LED 时，LED 的亮度是不同的，占空比越小，亮度越低；占空比越大，亮度越高。

呼吸灯实际上就是不停地改变 PWM 波形的占空比，使占空比循环变大再变小，LED 的亮度也就循环变亮再变暗，实现呼吸灯的效果。

通过占空比改变的 PWM 波控制 LED 实现的呼吸灯效果，用实物进行测试，效果非常好，但是用 Proteus 进行仿真试验，却只是看到闪烁得厉害，基本上看不出亮度的变化。近来发现，如果在 LED 上并联一个大电容，就可以减弱 LED 的闪烁，亮度就能够稳定一些，这样一来，就可以用 Proteus 软件直接观察亮度的变化了。

小贴士

在用实际电子元件制作呼吸灯时，图 2-8 中的大电容（C4）是不需要的。

3. 程序设计与调试

根据上述分析，呼吸灯程序的编程思路如下：

首先使用一个变量 loop 计主程序的循环次数，主程序每循环一次，loop 值加 1，当 loop=10 时，再重新从 0 开始计数，这样，loop 从 0～10 的过程为 PWM 波的一个完整周期；然后再用一个变量 pwm 来控制占空比的大小；在主程序循环过程中，用 loop 和 pwm 的值进行比较，如果 loop 小于 pwm，则点亮 LED，否则熄灭 LED。在整个周期中，一段时间点亮 LED，另一段时间熄灭 LED，LED 被点亮的时间长短取决于 pwm 的大小，pwm 越小，LED 被点亮的时间越短；pwm 越大，LED 被点亮的时间越长。所以，只要使 pwm 的值逐渐增大，再逐渐减小，LED 就会逐渐变亮，然后逐渐变暗，如此循环，产生呼吸灯的效果。

下面的程序是使接在 P3.0 的 LED 产生固定亮度的程序：

```c
#include <reg51.h>
sbit led=P3^0;
unsigned char loop,pwm;        //loop 从 0 到 10 循环变化
unsigned int i;
int main()
{
    loop=0;
    pwm=6;                     //pwm 的值决定 LED 的亮度
    while(1)
    {
```

```
        if (loop<pwm)       //当loop小于pwm时，点亮LED
        {
            led=0;
        }
        else                //当loop不小于pwm时，熄灭LED
        {
            led=1;
        }
        loop++;
        if(loop>10)
        {
            loop=0;
        }
    }
}
```

呼吸灯效果的参考程序如下：

```
#include <reg51.h>
sbit led=P3^0;
unsigned char loop,pwm;        //loop从0到10循环变化
unsigned int i;
bit f;
int main()
{
    loop=0;
    pwm=4;
    f=0;
    while(1)

    {
        if (loop<pwm)          //当loop小于pwm时，点亮LED
        {
            led=0;
        }
        else                   //当loop不小于pwm时，熄灭LED
        {
            led=1;
        }
        loop++;
        if(loop>10)
        {
            loop=0;
            i++;
            if(i==500)         //i的大小决定呼吸灯节奏的快慢
            {
                i=0;
                if(!f)         //使用pwm不停地从4增加到10，再减到4。
                {
                    pwm++;
                    if(pwm==10)
                    {
                        f=1;
                    }
```

```
        }
        else
        {
            pwm--;
            if(pwm==4)
            {
                f=0;
            }
        }
      }
    }
  }
}
```

技能应用二 继电器控制电路的设计

继电器通常用于驱动大功率电器并起到隔离作用。

一、继电器接口电路

由于继电器所需的驱动电流较大，一般也要有三极管或其他驱动电路的驱动。

如图 2-10（a）所示是高电平驱动继电器的电路。图 2-10（b）似乎是低电平驱动继电器，但仔细分析，该电路并不能正常工作，因为单片机输出的高电平也只有+5V，而继电器的工作电压+12V 使三极管的发射结处于正偏，继电器并不能释放，而且这个电压加在单片机的输入端还有可能损坏单片机。所以在使用单片机驱动继电器时采用高电平驱动方式更加安全可靠。二极管 1N4148 起到保护驱动三极管的作用，因为在继电器由吸合到断开的瞬间，将在继电器的线圈上产生上负下正的感应电压，和电源电压一起加在驱动电路上，有可能损坏驱动电路，二极管可以将线圈两端的感应电压钳位在 0.7V 左右。

为了实现和单片机系统彻底隔离，常使用光电耦合器，如图 2-11 所示。当 P3.0 输出低电平时，光电耦合器中的发光二极管导通发光，光敏三极管受光照后导通，VT1 的基极得到高电平导通，继电器吸合。反之，继电器则不吸合。

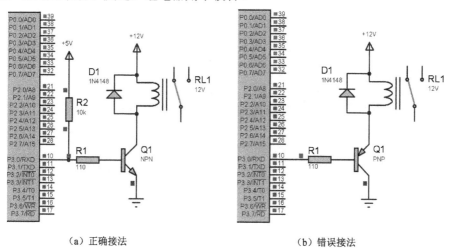

（a）正确接法   （b）错误接法

图 2-10 继电器驱动电路

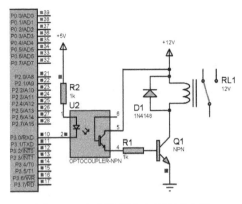

图 2-11 光电隔离继电器驱动电路

电路中用到的光电耦合器在元件库"Optoelectronics"分类的"Optocouplers"子类中找到，或者搜索"Optocoupler"关键字。

二、继电器控制照明设备

1. 技能要求

单片机 I/O 口通过控制继电器的吸合和释放控制照明设备的亮和灭。

2. 仿真电路图

本实例以继电器的常开触点作为电灯的开关，控制接在交流 220V 上的电灯，电路图如图 2-12 所示。

其中灯泡使用元件库中的 Lamp 元件，220V 交流电可以通过添加元件库中的 VSIN 元件获得，其参数设置如图 2-13 所示。

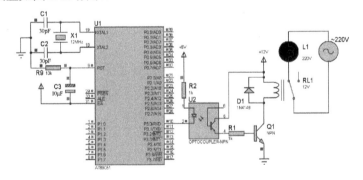

图 2-12 继电器控制照明设备电路图

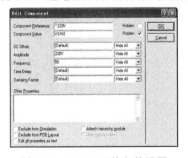

图 2-13 VSIN 元件参数设置

3. 程序设计与调试

本实例主要为了说明单片机控制灯泡等强电、大功率设备的方法，程序比较简单，只需要相应的 I/O 口线输出高、低电平，使对应的继电器释放、吸合即可。

灯泡循环亮、灭的程序如下：

```c
#include <reg51.h>
sbit lamp=P3^0;
delay(unsigned int i)
{
    while(i--);
}
int main()
{
    lamp=0;
    while(1)
    {
        delay(65000);
        lamp=1;
        delay(65000);
        lamp=0;
    }
}
```

小贴士

在本例中，由于频率太高，系统显示不出来灯泡的点亮情况，我们用示波器可以观察到电压电流的正弦波形。如果要直观地看到灯泡亮，把电压源频率改为 1Hz 或 0.5Hz，就能看到灯泡的亮灭。

技能应用三 电动机控制电路的设计

在日常生活和生产中经常要对各种电动机进行控制，如玩具汽车、洗衣机、电梯、生产车间的流水线等。

一、直流电动机的控制

1. 技能要求

单片机 I/O 口控制直流电动机转动和停止，正、反转以及停止。

2. 仿真电路图

如果控制直流电动机做单方向转动可停止，只需一个继电器，原理图如图 2-14 所示。直流电动机可以在元件库中搜索关键字"Motor"找到，注意选择"Motor-DC"。继电器吸合，电动机开始转动，继电器释放，电动机则停止转动。

如果要控制直流电动机做正转和反转，则需要使用两个继电器，原理图如图 2-15 所示。直流电动机的两端分别接于两个单刀双掷开关的两个公共端，两个开关的常开触点连在一起接在 24V 电源的正极，两个开关的常闭触点连在一起接在 24V 的地端。

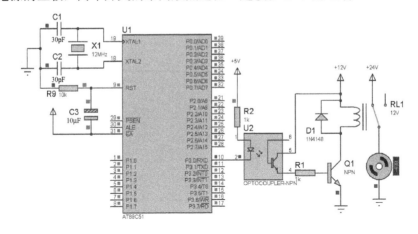

图 2-14　单片机控制直流电动机原理图

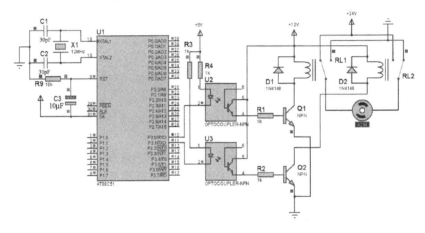

图 2-15　单片机控制直流电动机正反转原理图

 小贴士

图 2-14 和图 2-15 中，其实是有三组电源，第一组为 5V，给单片机系统和光耦输入端供电；第二组为 12V，给光耦输出端、继电器线圈及其驱动三极管供电；第三组可以根据实际设备选用所需要的电压，给电动机供电，本例采用 24V 直流供电。

3．程序设计与调试

根据电路原理图可知：当单片机的 P2.0 和 P2.1 分别输出"0"和"1"时，电动机正转；当 P2.0 和 P2.1 分别输出"1"和"0"时，电动机反转；当 P2.0 和 P2.1 均输出"0"或均输出"1"时，电动机停止。依此可编写控制电动机正转、反转和停止的程序。

控制直流电动机交替正反转（模拟洗衣机洗衣过程）的程序流程图如图 2-16 所示。

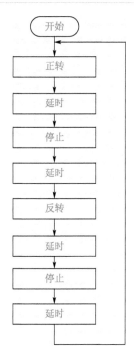

图 2-16　控制直流电动机交替正反转的程序流程图

根据程序流程图编写程序如下：

```c
#include <reg51.h>          //MCS-51 系列单片机头文件
sbit ctrl0=      P2^0;
sbit ctrl1=      P2^1;
delay()
{
    unsigned int i;         //定义无符号整型变量 i
    for(i=0;i<50000;i++);
}
zheng()                     //电动机正转
{
    ctrl0=0;
    ctrl1=1;
}
fan()                       //电动机反转
{
    ctrl0=1;
    ctrl1=0;
}
stop()                      //电动机停转
{
    ctrl0=1;
    ctrl1=1;
}
int main(void)              //主程序 main 函数
{
    while(1)                //在主程序中设置死循环程序
    {
        zheng();
```

```
            delay();
            stop();
            delay();
            fan();
            delay();
            stop();
            delay();
        }
}
```

小贴士

电动机在由正转突然变为反转时，将会产生较大的感生电动势，使电流突然增大，因此一般应先停止，再反转。此程序仅作为一个正反转控制的练习，实际应用中往往是通过按键、定时器或一定的条件来控制电动机正反转的。

二、直流电动机 PWM 调速

1. 技能要求

通过单片机的 I/O 控制直流电动机的转速。

2. 仿真电路图

PWM 调光的原理前面已经讲过，PWM 调速和调光原理完全一样，但是由于继电器吸合和释放的速度很慢，不适合做电动机 PWM 调速的驱动电路，所以我们采用开关速度快的大功率晶体管作为直流电动机的驱动电路，电路如图 2-17 所示。其中场效应管可以在元件库"晶体管"分类的"金属氧化物场效应管"子类中找到，或者搜索"IRF530"。

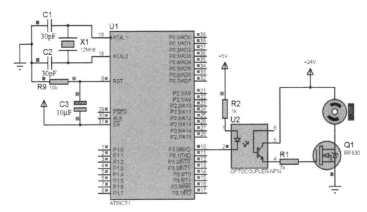

图 2-17　PWM 调速电路原理图

3. 程序设计与调试

PWM 调速程序和 PWM 调光程序非常相似，参考程序如下：

```
#include <reg51.h>
sbit motor=P3^0;
unsigned char loop,pwm;        //loop 从 0 到 10 循环变化
```

```
unsigned int i;
int main()
{
    loop=0;
    pwm=80;                     //PWM 的值决定电动机的转速
    while(1)
    {
        if (loop<pwm)
        {
            motor=0;
        }
        else
        {
            motor=1;
        }
        loop++;
        if(loop>100)
        {
            loop=0;
        }
    }
}
```

技能应用四 叮咚门铃的设计

声音是由物体的振动产生的，单片机通过 I/O 口输出适当频率的波形可以演奏音乐。

一、扬声器接口电路

声音是由物体的振动产生，正在发声的物体叫声源，声音是以波的形式传播的，即声波。人耳只能对 20～20000Hz 的振动产生听觉，20Hz 以下的声波称为次声波，20000Hz 以上的声波称为超声波。

单片机要想发出声音，需要借助于扬声器这个声源。扬声器接口电路如图 2-18 所示。图中的示波器用于观察扬声器发声时 P3.0 脚的波形。扬声器可通过搜索"speaker"找到。

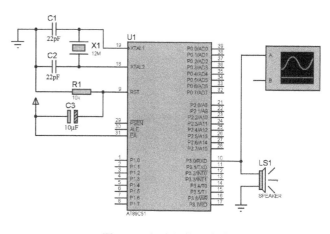

图 2-18 扬声器接口电路

二、控制扬声器发音

单片机的 I/O 接口可以输出高电平和低电平，如果让单片机的某个 I/O 口线（引脚）按照一定的频率循环取反，则输出方波信号，把这个方波信号加在扬声器的线圈上，就能推动扬声器发出声音。

使扬声器发出单音频声音的程序如下：

```
#include <reg51.h>
sbit SPK = P3^0;
unsigned char j;
int main()
{
    while(1)
    {
        SPK = ~SPK;                //不停地取反，产生方波信号
        for(j=0;j<100;j++);
    }
}
```

程序中改变延时时间（循环次数）即可改变声音的频率。

三、叮咚门铃的设计

1. 技能要求

单片机 P3.0 脚接扬声器，P1.7 脚接一按键，编程实现当按下按键时，扬声器发出"叮咚"声。

2. 仿真电路图

叮咚门铃电路图如图 2-19 所示。

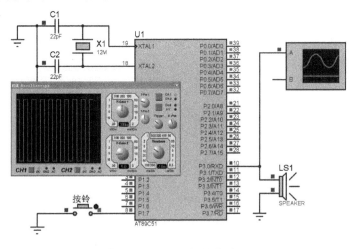

图 2-19　叮咚门铃电路

3. 程序设计与调试

前面我们已经进行了单音频声音程序的编写，叮咚门铃实际上是两个单音频声音的组合，先发出频率较高的声音，再发出频率较低的声音。程序中所用到的按键程序我们将在项目四中进行介绍。

叮咚门铃参考程序如下：

```c
#include <reg51.h>
sbit SPK = P3^0;
sbit key = P1^7;
bit flag;                        //响铃标志位
void Alarm(unsigned char t)
{
    unsigned int i;
    unsigned char j;
    for(i=0;i<800;i++)
    {
        SPK = ~SPK;              //不停地取反，产生方波信号
        for(j=0;j<t;j++);
    }
}
void button()
{
    key=1;
    if(key==0)
    {
        flag=1;
    }
}
int main()
{
    flag=0;                  //初始不响铃
    while(1)
    {
        button();
        if (flag)            //如果报警标志位为1则响铃
        {
            Alarm(80);
            Alarm(120);
            flag=0;          //响铃一次后停止响铃
        }
    }
}
```

项目基本知识

知识链接一　MCS-51 单片机并行 I/O 接口

如项目一所介绍的，MCS-51 系列单片机有 4 个 8 位并行输入/输出接口：P0 口、P1 口、P2 口和 P3 口，共计 32 根输入/输出线，作为与外部电路联络的引脚。这 4 个接口可以并行输入或输出 8 位数据，也可以按位使用，即每一位均能独立作为输入或输出用。每个口都可作为通用 I/O 接口，但其功能又有所不同，如表 2-2 所示。

表 2-2 各 I/O 口结构功能表

I/O 口	结构及特点	一位口线内部结构图	主 要 功 能
P0 口	如右图所示是 P0 口的一位口线内部结构图，口的各位口线具有与其完全相同但又相互独立的结构； 　　在 P0 口的内部有一个多路开关，在控制信号的控制下，可以分别接通锁存器输出（作为通用 I/O 口进行数据的输入输出）或接通地址/数据线（作为系统的数据总线和低 8 位地址总线）； 　　在作输出口使用时，当输出"1"，两只场效应管均截止，引脚处于悬浮态，必须外接上拉电阻才能有高电平输出； 　　在作系统的数据总线和数据总路线时，两只场效应管互相配合，可输出高电平和低电平，无须再接上拉电阻	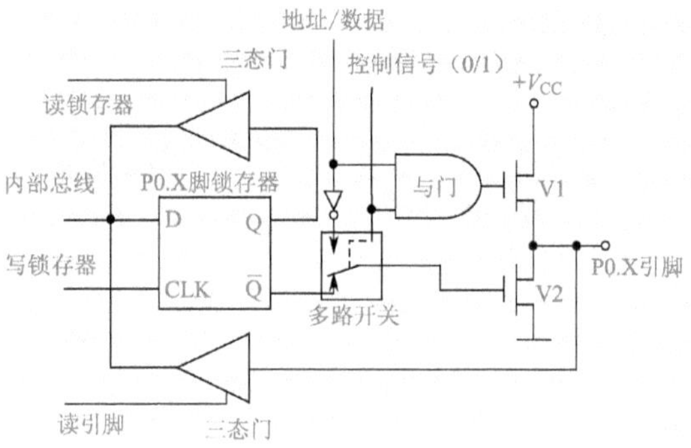 P0 口一位口线内部结构图	通用 I/O 接口 　　系统的数据总线 　　系统的地址总线的低 8 位
P1 口	如右图所示是 P1 口的一位口线内部结构图。因为 P1 口通常只能作为通用 I/O 口使用，其内部没有多路开关，输出驱动电路中有上拉电阻，外接电路无须再接上拉电阻	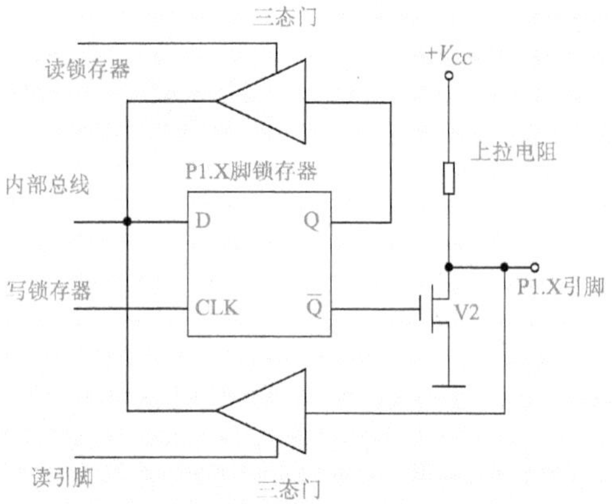 P1 口一位口线内部结构图	通用 I/O 接口
P2 口	如右图所示是 P2 口的一位口线内部结构图。P2 口既能作为通用 I/O 使用，又为系统提供高 8 位地址总线，因此同 P0 口一样，其内部也有一个多路开关； 　　当作为通用 I/O 口使用时，多路开关倒向锁存器输出端，当作为系统高 8 位地址线使用时，多路开关倒向"地址"端	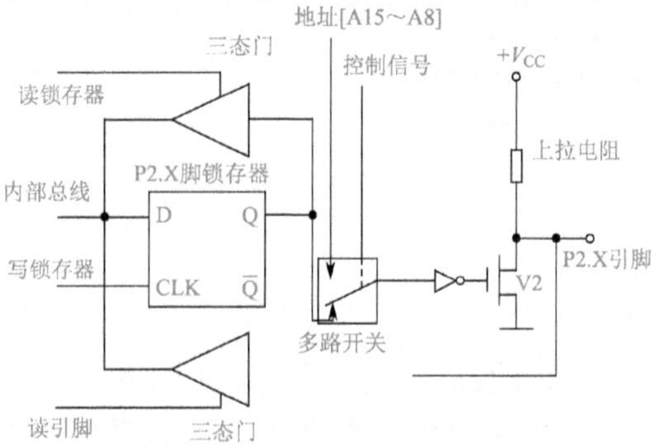 P2 口一位口线内部结构图	通用 I/O 接口 　　系统的地址总线的高 8 位

续表

P3 口	如右图所示是 P3 口的一位口线内部结构图。P3 口可以作为通用 I/O 口使用，但在实际应用中它的第二功能更为重要，为适应引脚第二功能的需要，在口线电路中增加了"第二功能输出"信号线和"第二功能输入"缓冲器； 当作第二功能使用时，相应的口线锁存器必须为"1"状态，与非门输出第二功能信号。在 P3 口的引脚信号输入通道中有两个三态缓冲器，第二功能的输入信号取自第一个缓冲器（第二功能输入缓冲器）的输出端。而作为通用 I/O 口线使用（第一功能）的数据输入，取自三态门的输出端	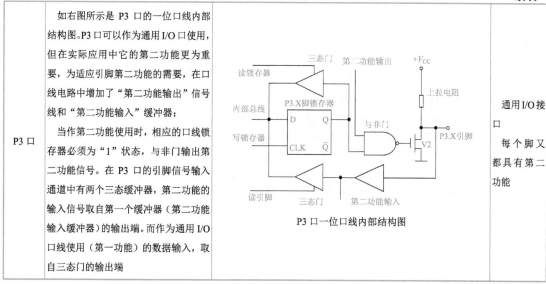 P3 口一位口线内部结构图	通用 I/O 接口 每个脚又都具有第二功能

当并行 I/O 接口作为输入口时，必须先把端口置"1"，输出级的场效应管 V2 处于截止状态，使引脚处于悬浮状态，才可以作高阻输入，如图 2-20（a）所示。否则，如果此前曾经输出锁存过数据"0"，输出级的场效应管 V2 则处于导通状态，引脚相当于接地，如图 2-20（b）所示，引脚上的电位就被钳位在低电平上，使输入高电平时而得不到高电平，读入的数据是错误的，还有可能烧坏端口。

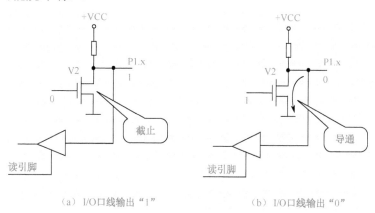

（a）I/O 口线输出"1"　　　　　　　　（b）I/O 口线输出"0"

图 2-20　I/O 口线作输出时场效应管的状态

如要把端口置"1"，可执行如下指令：

```
P1^x=1;          //置位 P1^x（x 代表 0～7）
P1=0xff;         //将 P1 口全部置位
```

知识链接二　C51 语言基础

人们在进行单片机开发时，为了提高编程效率也开始使用针对单片机的 C 语言，一般称为 C51 语言。

一、C51 程序的基本结构

下面的程序是用 C 语言编写的控制接在 P2 口的 8 个发光二极管轮流点亮（俗称流水灯）的程序。我们通过解读这个程序，来了解 C51 程序的基本结构。为了使程序结构清晰明了，方便修改、维护，单片机 C 语言程序一般按以下的基本结构书写：

```
#include <reg51.h>           //包含头文件
#include <intrins.h>         //MCS-51 系列单片机内部函数头文件
delay()                      //延时子函数
{
    unsigned int i;
    for (i=0;i<30000;i++);   //用 for 语句实现 30000 次循环
}
int main(void)               //主函数 main
{
    P2=0xfe;                 //程序初始化：P2 口赋初始值，点亮第 1 位 LED
    while(1)                  //while(1)死循环，真正的主程序部分
    {
        delay();             //调用延时子函数
        P2=_crol_ (P2,1);    //P2 口的值循环左移 1 位
    }
}
```

小贴士

在以后的学习中，我们还会用到中断，因此 C51 程序中还要包括中断函数。

1. 文件包含及头文件的作用

（1）文件包含

文件包含是指一个源文件将另外一个源文件的全部内容包含进来。常用于函数的声明、宏定义、全局变量的定义、外部变量的声明等，如图 2-21 所示。

文件包含两种形式：#include<>和#include" "

#include< >是指调用的文件在系统目录中，即编译软件的安装目录中。

#include" "是指调用的文件在自己编写的源文件目录中，如果这个地方没有，则再从系统目录中去寻找。

#include" "可以完全取代#include< >，反之则不行。但是为了编译速度最快，通常使用#include<>，也使读者对头文件的来源一目了然。

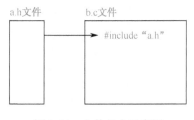

图 2-21　文件包含示意图

小贴士

由于包含文件属于预处理命令，不属于 C 语言的组成部分，不需要在语句后面加分号。

（2）头文件

在代码中引用头文件，其实际意义就是将这个头文件中的全部内容放到引用头文件的位置处，免去我们每次编写同类程序都要将头文件中的语句重复编写。

要想打开头文件 reg51.h 查看其内容，可以在 Keil 软件的安装路径/C51/INC 目录下找到并以记事本打开，也可以将鼠标移到#include<reg51.h>上，单击右键，选择【Open document <reg51.h>】。reg51.h 文件的部分内容如下：

```
/*  BYTE Registers  */
sfr P0   = 0x80;
sfr P1   = 0x90;
sfr P2   = 0xA0;
sfr P3   = 0xB0;
/*  BIT Registers  */
/*  PSW  */
sbit CY  = 0xD7;
sbit AC  = 0xD6;
sbit F0  = 0xD5;
sbit RS1 = 0xD4;
sbit RS0 = 0xD3;
sbit OV  = 0xD2;
sbit P   = 0xD0;
```

从 reg51.h 文件可以看到，该头文件中定义了 51 系列单片机内部所有的功能寄存器，用到了两个关键字：sfr 和 sbit。

① sfr：特殊功能寄存器的声明，声明一个 8 位的寄存器。

② sbit：位声明，声明一个可寻址位。

"sfr P0=0x80"语句的意义是，把单片机内部地址 0x80 这个寄存器重新起名为 P0，以后我们在程序中可直接使用名字 P0 来操作地址 0x80 这个寄存器。sbit 和 sfr 功能基本相同，只不过 sbit 声明的是位名称。

2. 主程序 main 函数

main 函数的基本格式：

```
int main(void)
{
    //单片机复位后总是从这里执行
    语句1;
    ……
}
```

int 表示 main 函数的返回值是 int（即整数）型，int 可以省略。如果在 main 函数中不加返回语句的话，默认返回 0。很多人使用 void main（）的写法，其实是错误的，可能在某些编译器中无法通过。后面我们将会介绍有返回值的函数。

小括号中的内容表示函数的参数，void 表示无参数，无参数表示该函数不带任何参数，我们也可以只写"（）"就可以了。

main 函数后面的花括号中的内容就是这个函数的所有代码。每条独立语句的末尾都要加上分号，一行可以写多条语句。

小贴士

任何一个单片机 C 程序有且只有一个 main 函数，它是整个程序开始执行的入口，不论 main 放在程序中的哪个位置，总是先被执行。main 函数可以调用别的功能函数，但其他功能函数不允许调用 main 函数。

3. 子函数

在程序设计过程中，有多个地方用到同一段程序，需要重复书写。为了减少书写量，可以把该段程序设置成子函数，在需要该段程序时，只要调用子函数就可以了。有时虽然某段程序只使用一次，但为了使程序结构简单、清晰和具有易读性，也会把该段程序写成子函数的形式。子函数如何编写与调用呢？

（1）子函数的声明

子函数可以预先声明，也可以不预先声明。如果子函数的位置在调用语句之前，则不需要专门声明；如果子函数的位置在调用语句之后，则需要对这个子函数进行声明。声明的方法如下：

```
void delay(void);        //声明一个无返回值、无参数的延时子函数
```

（2）子函数的编写

子函数的编写和主函数的编写差不多，只是函数名称不同。以下是延时子函数的编写：

```
void delay(void)
{
    /*函数体*/
}
```

（3）子函数的调用

子函数的调用就是指一个函数体中引用另一个已定义的函数来实现所需要的功能，这时候函数体称为主调用函数，函数体中所引用的函数称为被调用函数。一个函数体中能调用数个其他的函数，这些被调用的函数同样也能调用其他函数，即嵌套调用。调用的方法是在函数中写上子函数的名称，后面跟上括号和";"号。如延时子函数的调用：

```
delay();                 //调用延时子函数
```

4. while 循环语句

while 循环语句是常用的条件循环语句，可用来做固定次数的循环程序和不定次数的循环程序，其常见语法格式如下：

```
while(循环条件)
{
    语句;                //循环体
}
```

其执行过程是：先判断循环条件是否满足，如果满足则执行循环体的内容，执行完之后自动返回继续判断循环条件，如果条件满足则继续执行。如果条件不满足，则跳出 while 语句，执行后面的语句。

其中循环条件可以是常数、变量、表达式、等式、不等式和运算式，为非 0 值则条件满

足，为 0 值则条件不满足。对于等式和不等式，成立则为 1，表示满足，不成立则为 0，表示不满足。

当循环体为空时，花括号可以省略，但 while（）后面必须加 ";" 号。

在主程序中使用 while（1）{语句}，是让 while（1）所包含的花括号中语句永远循环执行，称为死循环。单片机程序的主程序都是一个死循环程序，以便能不停地输出控制信号、接收输入信号和更新一些变量的值，保证程序的正常运行。

需说明的是，while 语句还有另一种形式：

```
do
{
语句;              //循环体
}
while(循环条件)
```

执行过程是先执行循环体的内容，再进行判断循环条件，如果满足，则返回继续执行循环体，由此产生循环。在此形式中，循环体的内容至少被执行一次。

5．程序初始化

所谓程序初始化是指单片机复位后根据需要对某些寄存器或变量进行初始设置或赋初值，并且这些操作仅执行一次，之后就进入到 while（1）的死循环。

6．"="运算符

控制单片机 I/O 口输出，在 C 语言中非常简单，只需要使用 "=" 运算符就可以了。

"=" 运算符是赋值运算符，它的作用是把 "=" 号右边的值赋给 "=" 号左边的变量。

例如，如果想让单片机的 P2 口的 P2.0 口线输出低电平，另外 7 个口线输出高电平，写做：P2=0xfe;，但是如果只想让 P2.0 口线输出低电平，而另外 7 个口线不受影响，可以使用位操作：P2^0=0;

 小贴士

C 语言中，关键字和变量在书写时是要区分大小写的，由于在 reg51.h 头文件中，定义 P2 的语句 sfr P2= 0x80，其中字母 P 是大写，书写 P2 时的字母 P 一定要大写，否则，编译器将因无法识别而出现错误。

7．注释

为了增加程序的可读性，往往给程序添加必要的文字说明，这就是注释。注释是方便人们读程序而写的，是给人看的，对编译和运行不起作用。注释可以在程序的任何位置。

C 语言中，注释分为行注释和段注释两种方式：

行注释以 "//" 符号开始，符号之后的语句都被视为注释，直到有回车换行。

段注释是指在 "/*" 和 "*/" 符号之内的为注释。

例如：

```
//这就是行注释
/*这是段注释
给程序添加必要的注释是一个很好的习惯*/
```

二、相关知识

1. if 条件语句和 for 循环语句

（1）if 条件语句

就如学习语文中的条件语句一样，C语言也一样是"如果××就××"或是"如果××就××否则××"。也就是当条件符合时就执行语句。条件语句又被称为分支语句，其关键字是由 if 构成。C语言提供了3种形式的条件语句：

① 当条件表达式的结果为真时，就执行语句，否则就跳过，语法如下：

```
if (条件表达式)
{
    语句;
}
```

② 当条件表达式成立时，就执行语句1，否则就执行语句2，语法如下：

```
if (条件表达式)
{
    语句1;
}else
{
    语句2;
}
```

③ 由 if、else 组成的多分支条件语句，语法如下：

```
if (条件表达式1)
{
    语句1;
}else if (条件表达式2)
{
    语句2;
}else if (条件表达式3)
{
    语句3;
}else if (条件表达式m)
{
    语句n;
}else
{
    语句m;
}
```

小贴士

一般条件语句只会用做单一条件或少数量的分支，如果多数量的分支时则更多地会用到开关语句。如果使用条件语句来编写超过 3 个以上的分支程序的话，会使程序变得不那么清晰易读。

（2）for 循环语句

在明确循环次数的情况下，for 循环语句比前面学的 while 循环语句要方便简单。它的语法如下：

```
for ([初值设定表达式];[循环条件表达式];[条件更新表达式])
{
    语句；        //循环体
}
```

中括号中的表达式是可选的，这样 for 语句的变化就会很多样了。for 语句的执行：先代入初值，再判断条件是否为真，条件满足时执行循环体并更新条件，再判断条件是否为真……直到条件为假时，退出循环。用 for 循环语句实现的延时子函数如下：

```
delay()
{
    unsigned int i;
    for (i=0;i<30000;i++);
}
```

2．移位运算符和循环移位函数

（1）移位运算符

移位运算符能够对变量中的数进行移位运算，包括左移位运算符"<<"和右移位运算符">>"，其格式如下：

```
a=a<<1;        //将变量 a 中的数左移 1 位后赋给 a
a=a>>2;        //将变量 a 中的数右移 2 位后赋给 a
```

移位运算示意图如图 2-22 所示（注意移位后末位补"0"）。

(a) 左移位运算　　　　(a) 右移位运算

图 2-22　移位运算示意图

（2）循环移位函数

循环移位函数能够对变量中的数进行循环移位，属于 MCS-51 单片机内部函数，需要包含头文件"INTRINS.H"。下面以字符型变量的循环移位函数为例来说明循环移位函数的使用，其格式如下：

```
a=_crol_(a,1);        //将变量 a 中的数循环左移 1 位后赋给 a
a=_cror_(a,2);        //将变量 a 中的数循环右移 2 位后赋给 a
```

循环移位函数执行过程示意图如图 2-23 所示。

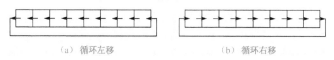

(a) 循环左移　　　　(b) 循环右移

图 2-23　循环移位函数执行过程

3．数组

数组是同类型数据的一个有序集合。数组用一个名字来标记，称为数组名。数组中各元素的顺序用下标来表示，下标为 n 的元素可以表示为：数组名[n]，[]中的数为下标。改变[]中的下标就可以访问数组中所有的元素。

定义数组的一般格式如下：

数据类型　数组名[元素个数]；　　　//元素个数可以不写

在定义数组时，可以给数组赋初值。例如：

unsigned char a[5]={ 1,2,3,4,5};

上面定义的数组 a 共有 5 个元素，并给全部元素赋值，a[0]=1，a[1]=2，a[2]=3，a[3]=4，a[4]=5。

4．流程图

对于简单的程序，可以直接编写源程序，而对于复杂的程序，往往不能直接完成源程序的编写，为了把复杂的工作变得条理化、直观化，通常在编写程序之前先设计流程图。所谓流程图，就是用带箭头的线把矩形框、菱形框和圆角矩形框等连接起来，以表示实现这些步骤或过程的顺序。流程图中常用的符号和功能如图 2-24 所示。

完成流程图设计后，就可以按流程图中提供的步骤或过程选择合适的语句，一步步地编写程序。前面我们制作的闪烁灯，可以绘制流程图如图 2-25 所示。

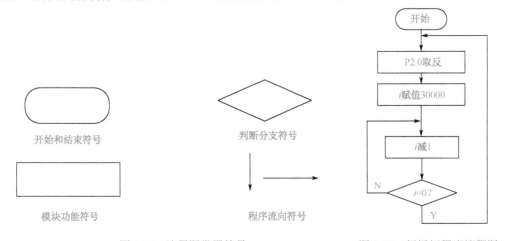

开始和结束符号

模块功能符号

判断分支符号

程序流向符号

图 2-24　流程图常用符号　　　　图 2-25　闪烁灯程序流程图

知识巩固与技能训练

1．为什么大部分电路中对发光二极管的驱动采用低电平驱动方式？

2．一个完整的单片机 C 语言程序包括哪几个部分？

3．单片机的头文件在程序中起什么作用？怎么包含头文件？

4．为什么并行 I/O 接口作输入口时，必须先把端口置"1"？

5．在电动机控制任务中，和继电器的线圈并联的二极管有什么作用？

6．使用 for 循环语句编写一个两级嵌套的循环程序，要求：外层循环 100 次，外层每循环 1 次，内层循环 5 次。

7．编写流水灯程序的方法很多，你一共能用几种方法实现？先画出每种方法的流程图，再编写相应的程序。

8．根据叮咚门铃程序，编写模仿警车、救护车声音的程序。发挥你的想象，编写更多的声音程序。

项目三

MCS-51 单片机及 C 语言程序设计基础

知识目标

1. 了解 MCS-51 单片机的内部结构
2. 掌握 MCS-51 单片机内部数据存储器的空间及地址范围
3. 掌握 MCS-51 单片机内部程序存储器的空间及地址范围
4. 了解 MCS-51 单片机中断地址及中断号
5. 掌握数据的类型及每种数据类型的长度和所能表示的数的范围
6. 理解变量和数组的定义、数据结构并掌握其使用方法
7. 理解运算符的功能并掌握其使用方法
8. 了解函数的分类及每种函数的特点、参数和使用
9. 掌握各种语句的使用尤其是条件语句、开关语句和循环语句的使用

![项目基本知识]

知识一　MCS-51 单片机基础

通过前面的学习，我们对 MCS-51 单片机的概念及外部引脚有了大概的了解，那么单片机内部结构是怎样的？它又包括哪些硬件资源呢？下面我们进一步学习 MCS-51 单片机的基础知识。

一、MCS-51 单片机内部结构及功能部件

MCS-51 单片机的内部结构框图如图 3-1 所示。

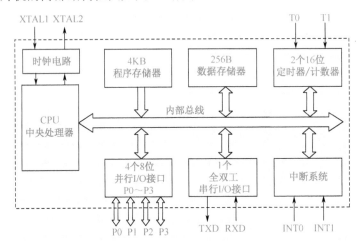

图 3-1　MCS-51 单片机内部结构方框图

MCS-51 单片机（51 子系列）内部主要包括由运算器和控制器组成的 CPU、4KB 的程序存储器、256B 的数据存储器、2 个 16 位的定时器/计数器、4 个 8 位并行 I/O 接口、1 个全双工的串行 I/O 接口、中断系统等组成。

二、MCS-51 单片机存储器及存储空间

1. 存储器的概念

什么是存储器呢？打个比方：存储器好比是一栋楼，假如这栋楼共有 256 层，我们称存储器的空间是 256 个字节（Byte），又叫 256 个单元，表示为 256B；每个单元共有 8 位（bit），相当于 8 个房间，每位（bit）可以存放一位二进制数 "0" 或 "1"，那么每个单元可以存放 8 位二进制数。存储单元编址如图 3-2 所示。

为了对指定单元存取数据，需要给每个单元编号，这

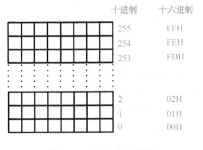

图 3-2　存储单元编址

个编号就是地址。在计算机中所有的编号都是从 0 开始的，如果用十进制编址就是 0，1，2，…，253，254，255 层，如果用十六进制编址就是 00H，01H，02H，…，FDH，FEH，FFH，其中 H 表示是十六进制数。如果存储器空间大于 256B，则需要使用 4 位十六进制数进行编址，如 0000H，0001H 等。

在访问存储器时，有的单元只能 8 位同时存入或者同时取出，这种操作称为字节操作；有的单元既能字节操作，又能对该单元中的某 1 位单独操作，这种操作称为位操作。要想进行位操作，通常要给位分配一个地址，这个地址称为位地址，就好像再给每层楼的每个房间再编个号，如 0 号、1 号、…、7 号，用十六进制表示则是 00H，01H，…，07H。

2. MCS-51 单片机存储器分类及配置

在单片机系统中，存储器分为两种：一种是用于数据缓冲和数据暂存，称为数据存储器，简称 RAM，其特点是可以通过指令对其数据进行读写操作，掉电后数据即丢失；另一种是用于存放程序和一些初始值（如段码、字形码等），简称 ROM，其特点是其数据通过指令只能读取而不能写入和修改，数据能长久保存，即使掉电也能保存 10 年以上。

MCS-51 单片机 51 子系列（如 AT89S51）内部有 128B 的数据存储器和 4KB 的程序存储器，52 子系列（如 AT89S52）内部有 256B 的数据存储器和 8KB 的程序存储器，片外可寻址空间均为 64KB。

MCS-51 单片机数据存储器（RAM）空间结构如图 3-3 所示，其中 52 子系列的内部有两个地址重叠的高 128B，它们是两个独立的空间，采用不同的寻址方式访问，并不会造成混淆。

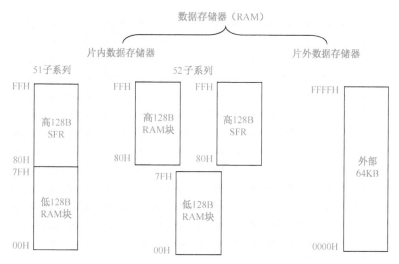

图 3-3　MCS-51 单片机数据存储器（RAM）空间结构图

MCS-51 单片机程序存储器（ROM）空间结构如图 3-4 所示。当单片机的 EA（31 脚）为高电平时，如果程序长度小于 4KB，CPU 执行内部程序，如果程序长度大于 4KB，CPU 从内部的 0000H 开始执行程序然后自动转向外部 ROM 的 10000H 开始的单元；当单片机的 EA（31 脚）为低电平时，程序跳过内部，直接从外部 ROM 开始执行程序。

3. 片内数据存储器

片内数据存储器（内部 RAM）和片内程序存储器（内部 ROM）是供用户使用的重要单

片机硬件资源。

MCS-51 单片机内部 RAM 从功能上将 256B 空间分为两个不同的块：低 128B 的 RAM 块和高 128B 的特殊功能寄存器（SFR）块。

（1）低 128B 的 RAM 块

低 128 单元的 RAM 块是供用户使用的数据存储器单元，按用途可把低 128 单元分为三个区域，如图 3-5 所示。

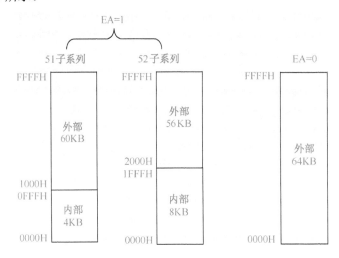

图 3-4　MCS-51 单片机程序存储器（ROM）空间结构图

单元地址	位地址	单元地址	位地址
20H	07H ← 00H	28H	47H ← 40H
21H	0FH ← 08H	29H	4FH ← 48H
22H	17H ← 10H	2AH	57H ← 50H
23H	1FH ← 18H	2BH	5FH ← 58H
24H	27H ← 20H	2CH	67H ← 60H
25H	2FH ← 28H	2DH	6FH ← 68H
26H	37H ← 30H	2EH	77H ← 70H
27H	3FH ← 38H	2FH	7FH ← 78H

RS1 RS0	寄存器组	片内RAM地址	符号
0　0	第0组	00H～07H	R0～R7
0　1	第1组	08H～0FH	R0～R7
1　0	第2组	10H～17H	R0～R7
1　1	第3组	18H～1FH	R0～R7

图 3-5　内部 RAM 低 128 单元结构图

① 寄存器区

地址为 00H～1FH 的空间为寄存器区，共 32 个单元，分成 4 个组，每个组 8 个单元，符号为 R0～R7，通过 RS1 位和 RS0 位的状态（在 C51 语言中使用关键字 using）选定当前寄存器组，如图 3-5 中表格所示。任一时刻，CPU 只能使用其中的一组寄存器。

② 位寻址区

地址为 20H～2FH 的 16 个单元空间称为位寻址区，这个区的单元既可以字节操作，也可以对每一位单独操作（置"1"或清"0"），所以每一位都有自己的位地址。在图 3-5 的表格中，比如 20H 单元的第 0 位的位地址是 00H，25H 单元的第 7 位的位地址是 2FH。

③ 用户 RAM 区

地址为 30H～7FH 的 80 个单元空间是供用户使用的一般 RAM 区，对于该区，只能字节操作。

（2）高 128B 的特殊功能寄存器（SFR）块

内部数据存储器的高 128 单元的地址为 80H～FFH，在这 128 个单元中离散地分布着若干个特殊功能寄存器（简称 SFR），也就是说，其中有很多地址是无效地址，空间是无效空间。这些特殊功能寄存器在单片机中起着非常重要的作用。MCS-51 单片机的特殊功能寄存器名称、标识符、地址如表 3-1 所示。

表 3-1　特殊功能寄存器名称、标识符、地址一览表

SFR 名称	标 识 符	地　　址	位地址或位名称							
			D7	D6						
P0 口	P0	80H	87	86	85	84	83	82	81	80
堆栈指针	SP	81H								
数据指针低 8 位	DPL	82H								
数据指针高 8 位	DPTR DPH	83H								
定时器/计数器控制	TCON	88H	TF1	TR1	TF0	TR0	IE1	IT1	IE0	IT0
定时器/计数器方式控制	TMOD	89H	GATE	C/$\overline{\text{T}}$	M1	M0	GATE	C/$\overline{\text{T}}$	M1	M0
定时器/计数器 0 低 8 位	TL0	8AH								
定时器/计数器 1 低 8 位	TL1	8BH								
定时器/计数器 0 高 8 位	TH0	8CH								
定时器/计数器 1 高 8 位	TH1	8DH								
P1 口	P1	90H	97	96	95	94	93	92	91	90
电源控制	PCON	97H	SMOD	—	—	—	GF1	GF0	PD	IDL
串行控制	SCON	98H	SM0	SM1	SM2	REN	TB8	RB8	TI	RI
串行数据缓冲器	SBUF	99H								
P2 口	P2	A0H	A7	A6	A5	A4	A3	A2	A1	A0
中断允许控制	IE	A8H	EA	—	—	ES	ET1	EX1	ET0	EX0
P3 口	P3	B0H	B7	B6	B5	B4	B3	B2	B1	B0
中断优先级控制	IP	B8H	—	—	—	PS	PT1	PX1	PT0	PX0
程序状态字	PSW	D0H	CY	AC	F0	RS1	RS0	OV	—	P
累加器	A	E0H	E7	E6	E5	E4	E3	E2	E1	E0
B 寄存器	B	F0H	F7	F6	F5	F4	F3	F2	F1	F0

从表 3-1 可以看出：特殊功能寄存器反映了单片机的状态，实际上是单片机的状态及控

制字寄存器。它大体上可分为两大类：一类为作芯片内部功能的控制用寄存器；另一类为与芯片引脚有关的寄存器。

SFR 块的地址空间为 80H～FFH，但仅有 21 个（51 子系列）字节作为特殊功能寄存器离散分布在这 128 字节范围内，其余字节无定义，用户不能对这些单元进行读/写操作。

在 SFR 的 80H～FFH 空间内，凡字节地址能被 8 整除的特殊功能寄存器都有位地址，共 93 位，能够进行位操作，其位地址或位名称参见表 3-1。

4. 片内程序存储器

程序存储器主要用来存放程序，但有时也会在其中存放数据表（如数码管段码表等）。

AT89S51 芯片内有 4KB 的程序存储器单元，其地址为 0000H～0FFFH。在程序存储器中地址为 0000H～002AH 的 43 个单元在使用时是有特殊规定的。

其中 0000H～0002H 三个单元是系统的启动单元，0000H 称为复位入口地址，也称为主程序入口地址，对应 main 函数。系统复位后，单片机从 0000H 单元开始取指令执行程序。

地址为 0003H～002AH 的 40 个单元被均匀地分为五段，每段 8 个单元，分别作为 5 个中断源的中断地址区。具体划分如表 3-2 所示。

表 3-2　中断地址区及中断入口地址

中　断　源	中　断　号	中断地址区	入　口　地　址
外部中断 0	0	0003H～000AH	0003H
定时/计数器 0 中断	1	000BH～0012H	000BH
外部中断 1	2	0013H～001AH	0013H
定时/计数器 1 中断	3	001BH～0022H	001BH
串行中断	4	0023H～000AH	0023H

在 C51 语言中，中断过程是通过使用 interrupt 关键字和中断号（0～31）来实现的，中断号指明中断程序的入口地址。中断响应后，CPU 能按中断种类，自动转到各中断区的入口地址去执行程序。

知识二　C51 语言程序设计基础

C 语言是美国贝尔实验室于 20 世纪 70 年代初研制出来的，后来又被多次改进，并出现了多种版本，但主要是应用在微机上，如 Microsoft C、Turbo C、Borland C 等。人们在进行单片机开发时，为了提高编程效率也开始使用针对单片机的 C 语言，一般称为 C51 语言，其编译的目标代码简洁且运行速度很高。

一、C51 语言在单片机系统开发中的优势

C51 语言同时具有汇编语言和高级语言的优点。

（1）语言简洁、紧凑，更符合人类思维习惯，开发效率高、时间短。

（2）模块化开发。

（3）运算符非常丰富。

（4）提供数学函数并支持浮点运算。

（5）使用范围广，可移植性强。

（6）可以直接对硬件操作。

（7）程序可读性和可维护性强。

在 C51 语言中，除了标准 C 语言所具有的语句和运算符外，还有用于单片机输入输出操作的库函数，我们在学习中也要重点掌握。

二、基本数据类型

在程序设计中，离不开对数据的处理，Keil C51 编译器所支持的基本数据类型如表 3-3 所示。

表 3-3　C51 中的基本数据类型

数 据 类 型	关 键 字	长　　度	表示数的范围
位类型	bit	1bit	0～1
无符号字符型	unsigned char	1Byte	0～255
有符号字符型	signed char	1Byte	−128～+127
无符号整型	unsigned int	2Byte	0～65535
有符号整型	signed int	2Byte	−32768～+32767
无符号长整型	unsigned long	4Byte	0～4294967295
有符号长整型	signed long	4Byte	−2147483648～+2147482647
单精度型	float	4Byte	3.4E−38～3.4E+38
双精度型	double	8Byte	1.7E−308～1.7E+308
指针	*	1～3Byte	对象的地址

1. 位类型 bit

Bit 型是 C51 编译器的一种扩充数据类型，利用它可定义一个位变量，但不能定义位指针，也不能定义位数组。它的值是一个 1 位二进制数，取值 0 或 1。

2. 字符型数据 char

char 类型的长度是一个字节（8 位），通常用于定义处理字符数据的变量或常量。分无符号字符类型 unsigned char 和有符号字符类型 signed char，默认值为 signed char 类型。unsigned char 类型用字节中所有的位来表示数值，所以可表达的数值范围是 0～255。signed char 类型用字节中最高位表示数据的符号，"0"表示正数，"1"表示负数，负数用补码表示。所能表示的数值范围是−128～+127。unsigned char 常用于处理 ASCII 字符或用于处理小于或等于 255 的整数。

 小贴士

如果定义了一个 char 型变量，而赋给该变量一个大于 255 的数值，如：325，对应的二进制数是 101000101，编译器并不会提示出错，而是自动截去高于 8 位的部分，只保留低 8 位，即：69（二进制为 01000101），程序可能会出现一些无法预知的错误，使用时要注意。

3．整型数据 int

int 型长度为两个字节（16 位），用于存放一个双字节数据。分有符号整型数 signed int 和无符号整型数 unsigned int，默认值为 signed int 类型。signed int 表示的数值范围是−32768～+32767，字节中最高位表示数据的符号，"0"表示正数，"1"表示负数。unsigned int 表示的数值范围是 0～65535。

4．长整型数据 long

long 型长度为四个字节（32 位），用于存放一个 4 字节数据。分有符号长整型 signed long 和无符号长整型 unsigned long，默认值为 signed long 类型。signed int 表示的数值范围是−2147483648～+2147483647，字节中最高位表示数据的符号，"0"表示正数，"1"表示负数。unsigned long 表示的数值范围是 0～4294967295。

5．浮点型数据 float

float 型在十进制中具有 7 位有效数字，是符合 IEEE-754 标准的单精度浮点型数据，占用 4 个字节。因浮点数的结构较复杂不再做详细的讨论。

6．指针型 *

指针型本身就是一个变量，在这个变量中存放指向另一个数据的地址。这个指针变量要占据一定的内存单元，对不同的处理器长度也不尽相同，在 C51 中它的长度一般为 1～3 个字节。指针变量也具有类型，具体内容将在下一节做详细阐述。

三、常量、变量和指针

1．常量

常量就是在程序运行过程中不能改变值的量。常量的数据类型只有位类型、字符型、整型、浮点型、字符串型。

在 C51 中程序中，常量可以写成十进制数的形式，如 68、512、−35 等，也可以写成十六进制数的形式，以 0x 开头表示十六进制数，如 0x36，0xfe，0xa6 等。

常量可用在不必改变值的场合，如固定的数据表、段码表、字库等。

2．变量

变量是指在程序执行过程中其值可以发生变化的量。要在程序中使用变量，必须先声明变量名及其类型，并指出所用存储模式，这样编译系统才能为变量分配相应的存储空间。

（1）变量的声明

所有变量在使用前都必须声明，一条变量声明语句可以声明一个或多个变量。声明变量的格式如下：

> ［存储种类］　数据类型　［存储器类型］　变量名表

在定义格式中除了数据类型和变量名表是必要的外，其他都是可选项。

例如：

```
unsigned char i, j, k;          //声明无符号字符型变量 i、j、k
signed int a=60;                //声明有符号整型变量 a 并赋值
```

小贴士

变量名是由字母、数字和下画线组成的，但第一个字符必须是字母或下画线，长度不能超过 32 个。另外，C51 语言是区分大小写的，如 kg 和 KG 是两个完全不同的变量。

（2）变量的作用范围

变量被声明后，根据其声明语句所在的位置，它的作用范围也随之确定。根据变量声明语句所在位置的不同，变量可分为局部变量和全局变量。

局部变量：是在函数内部声明的变量，只在声明它的函数内部有效，仅在使用它时，才为它分配内存单元。

全局变量：是在所有函数的外部声明的变量，可以被任何声明它的语句之后的函数使用，并且在整个程序的运行中都保留其值。由于全局变量的作用范围是从声明它的位置开始直到整个程序文件结束，所以一般应在程序的开始处声明全局函数。

主函数也是函数，所以在主函数中声明的变量也是局部变量，作用范围只在主函数内部。

3. 数组

前面使用的字符型、整型等数据类型都是简单类型，通过一个命名的变量来存取一个数据。然而在实际应用中经常要处理同一性质的成批数据，例如：为了统计 100 个学生的成绩，可以逐一声明 100 个变量分别存放 100 个学生的成绩，若要求出 100 个学生的最高分和平均分，程序的编写将更加难以忍受，由此引入了数组的使用。

在"花样广告灯"的项目中已经使用到数组，我们已经知道，数组并不是一种数据类型，而是一组相同类型的变量的集合。

在程序中使用数组的最大好处是可以用一个数组名代表逻辑上相关的一批数据，用下标表示该数组中的各个元素，与循环语句结合使用，使得程序书写简洁，操作方便。

数组必须要先声明后使用。根据数组的下标的个数不同，数组可分为一维数组和多维数组。

（1）一维数组

具有一个下标的数组称为一维数组，声明一维数组的一般格式如下：

数据类型　[存储类型]　数组名[元素个数];　　　　//元素个数可以不写

其中数组名的命名规则和变量名相同，元素个数是一个常量，不能是变量或变量表达式。

数组声明后，数组元素可表示为：数组名[下标]。下标必须用方括号括起来，下标可以是整数或整型表达式。

在声明数组时，可以不赋初值，也可以给部分或全部元素赋初值，但如果定义成 ROM 中的数组则必须赋初值。例如：

```
unsigned char a[6];          //有 6 个元素的数组 a
char tab[3]={1,2,3};         //声明数组 tab 并赋值: tab[0]=1,tab[1]=2,tab[2]=3
int shu[10]={1,2,3};         //声明 10 个元素的数组 shu 并对前 3 个元素赋值
unsigned char code sky[]={0x02,0x34,0x22,0x32,0x21,0x12}; //数据保存在 code 区
```

 小贴士

C51 语言不检查数组下标是否越界，比如第一个例子中数组 a 共有 6 个元素：a[0]～a[5]，但如果在程序中写上 a[6]，编译器不会认为语法错误，也不会给出警告，在使用中一定要引起注意。

（2）多维数组

具有两个或两个以上的下标的数组称为多维数组。我们常用到的是二维数组，声明二维数组的一般格式如下：

> 数据类型 [存储类型] 数组名[常量1][常量2]；　　　　//元素个数可以不写

在声明二维数组时，可以不赋初值，也可以给部分或全部元素赋初值，但如果定义成 ROM 中的数组则必须赋初值。例如：

```
unsigned char zimo[4][5]={
{1,2,3,4,5},{6,7,8,9,10},{11,12,13,14,15},{16,17,18,19,20}
};            //第一维下标范围为0～3，第二维下标为0～4，共 4×5 个元素
```

初值个数必须小于或等于数组长度，不指定数组长度则会在编译时由实际的初值个数自动设置。

在声明并为数组赋初值时，初学者一般会搞错初值个数和数组长度的关系或者下标和元素的对应关系，而致使编译出错。本例中我们声明的二维数组 zimo 共有 4×5 个元素，其下标和元素的对应关系如表 3-4 所示。

表 3-4　二维数组 zimo 各元素的排列

zimo[0][0]=1	zimo[0][1]=2	zimo[0][2]=3	zimo[0][3]=4	zimo[0][4]=5
zimo[1][0]=6	zimo[1][1]=7	zimo[1][2]=8	zimo[1][3]=9	zimo[1][4]=10
zimo[2][0]=11	zimo[2][1]=12	zimo[2][2]=13	zimo[2][3]=14	zimo[2][4]=15
zimo[3][0]=16	zimo[3][1]=17	zimo[3][2]=18	zimo[3][3]=19	zimo[3][4]=20

由表 3-4 可以看出，二维数组 zimo 的元素共有 4 组，每组有 5 个元素，第一维下标表示元素所在的组数，第二维下标表示该组中的第几个元素。

4．地址与指针

我们知道，地址就是在存储器中对每个存储单元的编号，如图 3-6 所示为变量存放示意图。图 3-6 中的 2000、2001 等就是内存单元的地址，而 0x3c、0x5b 则是存放在该地址中的内容，也就是说字符型变量 i 在内存中的地址是 2000，变量 i 的内容是 0x3c。

（1）指针

什么是指针呢？当我们在程序中声明了一个变量，编译器就会给这个变量在内存中分配一个地址，通过访问这个地址可以找到所需的变量，这个变量的地址称为该变量的指针。如图 3-7 所示，地址 2000 是变量 i 的指针。

图 3-6　变量存放示意图

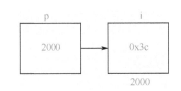

图 3-7　指针指向变量地址

在图 3-7 中，变量 p 包含了另一个变量 i 的地址，那么，变量 p 可以说成是指向了变量 i。

（2）指针变量

如果一个变量专门用来存放其他变量的地址，则称该变量为指针变量。图 3-7 中的 p 就是一个指针变量。指针变量在使用前也必须先声明，声明指针变量的一般格式如下：

```
类型说明 * 变量名
```

其中，*表示这是一个指针变量，类型说明表示本指针变量所指向的变量的数据类型。

（3）指针变量的赋值

指针变量使用前不仅要先声明，而且必须赋具体的值，未经赋值的指针变量不能使用。给指针变量所赋的值与给其他变量所赋的值不同，给指针变量的赋值只能赋地址，而不能赋任何具体的数据或变量的值。

那么怎么才能得到变量的地址呢？C 语言专门提供了地址运算符"&"来获取变量的地址，其一般格式如下：

```
& 变量名
```

如&a 表示变量 a 的地址。给指针变量赋值的方法如下：

```
unsigned int a;
unsigned char b;
unsigned int *p=&a;          //声明指针变量的同时进行赋值
unsigned char *q;            //先声明指针变量
q=&b;                        //再赋值
```

注意：这两种赋值语句之间是有区别的，如果先声明指针变量后再赋值时不要加"*"号。

项目二的花样广告灯程序，使用指针变量实现的程序如下：

```
#include <reg51.h>          //MCS-51 系列单片机头文件
unsigned char tab[]=
{
0xfe,0xfd,0xfb,0xf7,0xef,0xdf,0xbf,0x7f,0x7f,0xbf,0xdf,0xef,0xf7,0xfb,0xfd,
0xfe,0xff,0x7e,0xbd,0xdb,0xe7,0xdb,0xbd,0x7e,0xff
};                          //声明数组 tab 并赋值（共 25 个元素）
delay()                     //延时子函数
{
    unsigned int i;
    for (i=0;i<30000;i++);  //用 for 语句实现 30000 次循环
}
int main(void)              //主程序 main 函数
{
    unsigned char *p;       //声明指针变量 p
    unsigned char j;
    while(1)                //在主程序中设置死循环程序
    {
        p=&tab;             //将数组变量 tab 的首地址赋给指针变量 p
        for (j=0;j<25;j++)  //25 次循环语句
        {
            P2=*p;          //将指针变量指向的地址中的数赋给 P2
            p++;            //指向下一地址
            delay();        //调用延时子函数
        }
    }
}
```

5．存储类型

C51 允许将变量或常量定义成不同的存储类型，C51 编译器允许的存储类型主要包括 data、bdata、idata、pdata、xdata 和 code 等，它们对应单片机的不同存储区域，如图 3-8 所示。存储器类型的说明就是指定该变量在单片机硬件系统中所使用的存储区域。

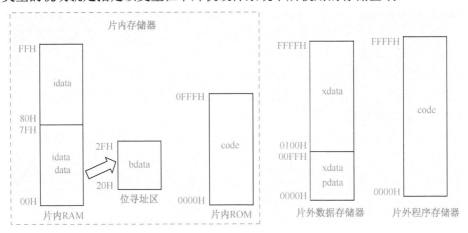

图 3-8　存储类型示意图

C51 所能识别的存储器类型如表 3-5 所示。

表 3-5　C51 所能识别的存储器类型

存储器类型	说　明	举　例
data	位于片内 RAM 的低 128 字节，对该区的访问速度最快，data 区空间小，只有使用频繁或对运算速度要求很高的变量才放到 data 区，尤其不要将数据表、段码表和字库等放在 data 区	unsigned char data i; unsigned int data temp; //data 可以省略
bdata	位于片内 RAM 的 20H～2FH 的位寻址区，共 16 个字节 128 位。程序中遇到的逻辑标志变量定义到 bdata 区，能大降低内存占用空间	bit led; unsigned char bdata a;
idata	该区使用寄存器作为指针进行间接寻址	unsigned char idata xun;
pdata	位于外部数据存储器的低 256 字节，使用 Ri（i= 0 或 1）作为指针进行间接寻址	unsigned int pdata buf;
xdata	位于整个外部数据存储器的 64K 字节	unsigned char xdata str[6];

code	代码（code）段位于所有的程序存储器。代码段的数据是不可改变的，在声明的时候必须初始化（赋值）。一般放置数据表、段码表和字库等	unsigned char code sz[]={
		0xc0,0xf9,0xa4,0xb0,0x99,0x92,0x82,0xf8,0x80,0x90
		}; //共阳型数码管段码表

 小贴士

在 AT89S51 芯片中 RAM 只有低 128 位，位于 80H～FFH 的高 128 位则在 AT89S52 芯片中才有用，并和特殊功能寄存器地址重叠。

四、运算符

C51 语言的运算非常丰富，主要包括赋值运算、算术运算、关系运算、逻辑运算、位运算和复合运算等。运算符就是完成某种运算的符号。表达式则是由运算符及运算对象组成的具有特定含义的式子。表达式后面加 ";" 号就构成了表达式语句。

C51 中的运算符如表 3-6 所示。

表 3-6　C51 中的运算符

分　类	运 算 符	名　称	说　明	举　例
赋值运算符	=	赋值运算符	将 "=" 号右边的值或表达式赋给 "=" 号左边的变量	a=26; 将 26 赋给变量 a c=a+b; 将 a+b 的值赋给 c
算术运算符	+	加法运算符	两数相加	1+2; //结果为 3
	−	减法运算符	两数相减	5−2; //结果为 3
	*	乘法运算符	两数相乘	3*5; //结果为 15
	/	除法运算符	两数相除，两侧的操作数可为整型或浮点型	21/3; //结果为 7
	%	模运算	取余运算，两侧的操作数均为整型数据	32%10; //结果为 2

	++	自加 1	自加 1 运算	++a; a++; //相当于 a=a+1
				b=a++; //将 a 值赋给 b 后，a 加 1
				b=++a; //a 先加 1，再赋给 b

	−−	自减 1	自减 1 运算	−−a; a−−; //相当于 a=a−1
				b=a−−; //将 a 值赋给 b 后，a 减 1
				b=−−a; //a 先减 1，再赋给 b

关系运算符	>	大于	其中>、>=、<、<=这四个运算符的优先级相同，处于高优先级；==、!=优先级相同，处于低优先级；关系表达式的值为逻辑值，其结果只能取真和假两种值	2>3; //结果为 0
				10>（3+6）; //结果为 1

	>=	大于等于		
	<	小于		
	<=	小于等于		
	==	等于		
	!=	不等于		

逻辑运算符	&&	逻辑与	逻辑表达式的值也是逻辑量，即真或假。0 为逻辑假，非 0 值为逻辑真	!5>3; //结果为假
				3+5; //结果为真

	||	逻辑或		
	!	逻辑非		
位运算符	&	按位与	两个字符或整数按位进行逻辑与运算	0x3a&0x55; //结果为 0x10
	|	按位或	两个字符或整数按位进行逻辑或运算	0x3a|0x55; //结果为 0x7f
	^	按位异或	两个字符或整数按位进行逻辑异或运算	0x3a^0x55; //结果为 0x6f
	~	按位取反	字符或整数按位进行逻辑非运算	～0x55; //结果为 0xaa
	>>	右移	字符或整数按位右移	0x3a>>1; //结果为 0x1d
	<<	左移	字符或整数按位左移	0x3a<<1; //结果为 0x74

小贴士

当参与运算的操作数的类型不一致时，系统会自动对其进行转换。比如在赋值运算中，

　　将浮点型数据赋给整型变量时丢弃小数部分，将整型数据赋给字符型变量时丢弃高字节，将短型数据赋给长型变量时值不变，两个整数相除只保留整数部分。

　　另外，赋值符号前加上其他运算符构成复合运算符。C51 提供 10 种复合运算符：+=、-=、*=、/=、%=、&=、|=、^=、<<=、>>=。如：

```
a+=b;           //等价于 a=a+b
a*=b;           //等价于 a=a*b
a<<=2;          //等价于 a=(a<<2)
```

五、函数

　　C51 语言就是由一个个函数构成的，其从一个主函数开始执行，调用其他函数后返回主函数，进行相应的操作，主函数内部一般有一个死循环程序。

1. 函数的分类

　　C51 语言函数从结构上可以分为主函数 main 和普通函数，主函数是程序执行时首先进入的函数，它可以调用普通函数，而普通函数可以调用其他普通函数，不能调用主函数。

　　普通函数又可分为标准库函数和用户自定义函数两种。标准库函数是由 C51 编译器提供的函数，可以通过#include 包含相应的头文件调用这些库函数。

　　在项目二中，我们使用过左移、右移函数，其他库函数说明可以参见 Keil μVision 的帮助文件。我们重点介绍用户自定义函数。

2. 函数的定义

　　从定义的形式上，函数分为无参数函数和有参数函数。无参数函数是为了完成某种特定功能而编写的，没有输入变量，可以使用全局变量完成参数的传递；有参数函数在调用时必须按照形式参数提供对应的实际参数。两种函数都可以提供返回值以供其他函数使用。

　　（1）函数定义的一般格式

　　函数定义的一般格式如下：

```
函数类型  函数名(形式参数列表)
{
    函数体
}
```

　　其中函数类型是函数返回值的类型，如果没有返回值则使用 void。函数名由用户自定义，规则和变量相同。形式参数是指调用函数时要传入到函数体内参与运算的变量，一个函数可以有一个、多个或没有参数，当不需要参数也就是无参函数，括号内为空或写入"void"表示，但括号不能少，有多个参数时，每个参数要用","号隔开。大括号中的语句块用于实现函数的功能。不能在同一个程序中定义同名的函数。

　　函数定义举例如下：

```
delay()                                 //无参数无返回值函数定义
{
}
delay(unsigned int i)                   //有参数无返回值函数定义
{
```

```
    }
unsigned int sum(unsigned char a, unsigned char b)//有参数有返回值函数定义
{
    unsigned int k;                              //用于存放返回值的变量
    ......
    return k;                                    //返回值
}
```

（2）函数的参数

C51 语言的函数采用参数传递方式，使一个函数可以对不同的变量数据进行功能相同的处理，在调用函数时实际参数被传入到被调用函数的形式参数中，在执行完函数后使用 return 语句将一个和函数类型相同的值返回给调用语句。

函数定义好以后，要被其他函数调用才能被执行。定义函数时，函数名称后面的括号里列举的变量称为"形式参数"；调用函数时，函数名称后面的括号里的量称为"实际参数"。

例如：在一个程序中我们需要两个延时时间不同的延时程序，可以编写有参数的延时程序如下：

```
delay(unsigned int i)                            //这里 i 是形式参数
{
    while(i--);
}
int main()
{
    while(1)
    {
        led=0;
        delay(25000);                            //25000 是实际参数
        led=1;
        delay(50000);                            //50000 是实际参数
    }
}
```

由此可以看出，有参数函数在被调用时将实际参数传递给了形式参数，相当于将实际参数的值赋给了形式参数，用于被调用函数的执行。需要注意的是，实际参数也可以是变量或变量表达式，但必须与形式参数的类型相同。

（3）函数的返回值

函数的返回值是在函数执行完成之后通过 return 语句返回调用函数语句的一个值，返回值的类型和函数的类型相同，函数的返回值只能通过 return 语句返回。

调用求和子函数并返回计算结果的程序如下：

```
unsigned int sum(unsigned char i, unsigned char j)
{
    unsigned int temp;
    temp=i+j;
    return temp;
}
int main()
{
    unsigned char a,b;
```

```
    unsigned int c;
    a=2;
    b=3;
    c=sum(a,b);
}
```

3. 函数的调用

函数调用的一般格式如下 ：

```
函数名(实际参数列表);
```

由于函数有的有参数，有的无参数，有的有返回值，有的无返回值，所以在调用时也有多种形式，如：

```
delay();                          //无参数无返回值的函数调用
c=sum(a,b);                       //函数的返回值赋给一个变量
d=sum(a,b)+c;                     //函数的返回值参与表达式的运算
result=max(sum(a,b),sum(c,d));
                                  //函数的返回值作为另一个函数的实际参数
```

六、语句

C 语言是一种结构化的程序设计语言，提供了相当丰富的程序控制语句。学习掌握这些语句的用法也是 C 语言学习中的重点。

1. 表达式语句

表达式语句是最基本的一种语句。不同的程序设计语言都会有不一样的表达式语句，在 51 单片机的 C 语言中加入分号";"构成表达式语句。举例如下：

```
b = b * 10;
i++;
P1= a; P2 = 0xfe;
count = (a+b)/a-1;
```

在 C 语言中有一个特殊的表达式语句，称为空语句，它仅仅是由一个分号";"组成。有时候为了使语法正确，那么就要求有一个语句，但这个语句又没有实际的运行效果那么这时就要有一个空语句。比如 while、for 构成的循环语句后面加一个分号，形成一个不执行其他操作的空循环体。举例如下：

```
while(i--)
{
}
for(i=0;i<30000;i++)
{
}
```

可以写成：

```
while(i--);
for(i=0;i<30000;i++);
```

空语句有时也会造成一些麻烦和错误，在程序书写和调试时要引起重视。例如下面的程序：

```
count++;
if (count==10);
{
    count=0; second++;
}
```

本来我们希望当变量 count==10 时，再让变量 second 加 1，但由于 if 语句后面加了个 ";" 号，使 if 语句成为一个空的执行体，运行的结果是变量 second 每次都会加 1。

2. 复合语句

在 C 语言中括号的分工较为明确，{}用于将若干条语句组合在一起形成一种功能块，这种由若干条语句组合而成的语句就叫复合语句。复合语句之间用{}分隔，而它内部的各条语句还是需要以 ";" 结束。复合语句是允许嵌套的，也就是在{}中的{}也是复合语句。复合语句在程序运行时，{}中的各行单语句是依次顺序执行的。在 C 语言中可以将复合语句视为一条单语句，也就是说在语法上等同于一条单语句。

对于一个函数而言，函数体就是一个复合语句。

3. 条件语句

C 语言提供了 3 种形式的条件语句：

① 当条件表达式的结果为真时，就执行语句，否则就跳过，语法如下：

```
if (条件表达式)
{
    语句;
}
```

② 当条件表达式成立时，就执行语句1，否则就执行语句2，语法如下：

```
if (条件表达式)
{
    语句1;
}else
{
    语句2;
}
```

③ 由 if、else 组成的多分支条件语句，语法如下：

```
if (条件表达式1)
{
    语句1;
}else if (条件表达式2)
{
    语句2;
}else if (条件表达式3)
{
    语句3;
}else if (条件表达式4)
{
    语句4;
```

```
}else
{
    语句 n;
}
```

4. 开关语句

如果使用条件语句来编写超过 3 个以上的分支程序的话，会使程序变得不那么清晰易读。开关语句既可以实现处理多分支选择的目的，又可以使程序结构清晰。它的语法如下：

```
switch (表达式)
{
case 常量表达式 1: 语句 1; break;
case 常量表达式 2: 语句 2; break;
……
case 常量表达式 n: 语句 n; break;
default: 语句 n+1;
}
```

运行中 switch 后面的表达式的值将会做为条件，与 case 后面的各个常量表达式的值相比较，如果相等则执行后面的语句，再执行 break（间断）语句，跳出 switch 语句。如果 case 没有和条件相等的值时就执行 default 后的语句。当要求没有符合的条件时不做任何处理，则可以不写 default 语句。

项目二的流水灯程序，使用开关语句实现的程序如下：

```
#include<reg51.h>
int main(void)
{
    unsigned int i,j;
    while(1)
    {
        switch (j)
        {
            case 0: P2=0xfe; break;
            case 1: P2=0xfd; break;
            case 2: P2=0xfb; break;
            case 3: P2=0xf7; break;
            case 4: P2=0xef; break;
            case 5: P2=0xdf; break;
            case 6: P2=0xbf; break;
            case 7: P2=0x7f; break;
        }
        for (i=0;i<10000;i++);
        j=(j+1)%8;                    //j 加到 7 后又变为 0
    }
}
```

5. 循环语句

循环语句是几乎每个程序都会用到的，它的作用就是实现需要反复进行多次的操作。例如一个 12MHz 的 AT89S51 应用电路中要求实现 1ms 的延时，那么就要执行 1000 次空语句才可以达到延时的目的,如果写 1000 条空语句将是非常麻烦的事情,还要占用很多的存储空间。因此我们就可以用循环语句去写,这样不但使程序结构清晰明了,而且占用的存储空间极少。

在 C 语言中构成循环控制的语句有 while,do-while,for 和 goto 语句。在项目二的制作中,我们已经介绍过 while,do-while,for 循环语句,本节重点介绍由 goto 构成的循环程序。

goto 语句在很多高级语言中都会有,它是一个无条件的转移语句,只要执行到这个语句,程序就会跳转到 goto 后的标号所在的程序段。它的语法如下:

```
goto 语句标号;
```

其中的语句标号为一个带冒号的标识符。由 if 和 goto 构成的循环延时程序如下:

```
delay()
{
    unsigned int a=0;
    loop: a++;              //loop 是标号,标号和语句用":"隔开
    if (a<30000)
    {
        goto loop;
    }
}
```

注意:为了便于阅读程序及避免跳转时引发错误,在程序设计中一般不建议使用 goto 语句。

6. break 语句、continue 语句和 return 语句

在循环语句执行过程中,如果需要在满足循环判定条件的情况下不循环而是跳出循环体,可以使用 break、continue 语句,如果在没有执行完子函数而需要返回或需要返回给调用函数语句一个值时,使用 return 语句。

(1) break 语句

break 语句用于从循环体中退出,然后执行循环语句之后的语句,不再进入循环。

例如:无符号字符型数组 array 有 100 个数组元素,要求计算这 100 个数的和,保存在整型变量 sum 中,当和超过 3000 时,不再计算,并记录参与计算的数的个数。

```
unsigned char i;
unsigned char j;          //用于存放参与计算的数的个数
j=0
sum=0;
for (i=0;i<100;i++)
{
    j++;
    sum=sum+array(i);
    if (sum>3000)
    {
        break;
    }
}
```

(2) continue 语句

continue 语句用于退出当前循环,不再执行本轮循环,直接进入下一轮循环,直到判定条

件不满足为止，和 break 语句的区别是该语句不退出整个循环。

例如：无符号字符型数组 array 有 100 个数组元素，要求计算这 100 个数的和，保存在整型变量 sum 中，其中大于 99 的数不参与计算，并记录参与计算的数的个数。

```
unsigned char i;
unsigned char j;           //用于存放参与计算的数的个数
j=0;
sum=0;
for (i=0;i<100;i++)
{
    if (array(i)>99)
    {
        continue;
    }
    j++;
    sum=sum+array(i);
}
```

（3）return 语句

return 语句主要用于子函数没有执行完而需要返回的情况，或者需要返回给调用函数语句一个返回值时。具体使用已在相应章节中详细阐述过，不再赘述。

知识巩固与技能训练

1．MCS-51 单片机内部包含哪些主要部件？各自的功能是什么？

2．MCS-51 单片机存储器从物理结构及功能上是如何分类的？其地址范围是多少？

3．内部 RAM 低 128 单元划分为哪三个主要部分？各部分功能是什么？

4．什么是上拉电阻？为什么 P0 口作输出口时必须外接上拉电阻？

5．Keil C51 编译器所支持的基本数据类型有哪些？其长度和表示数的范围各是多少？

6．编程实现求 0+1+2+3+⋯+100 的和。

7．定义三个字符型变量 x，y，z 并赋值，编写程序对这三个变量从小到大排列。

8．100 个和尚吃 100 个馒头，大和尚一人吃 3 个，小和尚 3 人吃一个，大小和尚共有几个？试用编程的方法求解。

并行 I/O 接口的应用

知 识 目 标

1．了解 MCS-51 单片机 4 个 I/O 端口结构及各自功能
2．理解数码管静态显示及动态扫描显示的含义
3．理解数码管动态扫描显示的扫描过程
4．掌握独立按键与行列键盘的接口电路

技 能 目 标

1．会编写数码管动态扫描显示的控制程序
2．会编写独立按键及行列键盘的按键识别及处理程序
3．掌握 LED 点阵的内部结构并会编写相应的控制程序
4．了解 12864 液晶显示器的显示原理和编程方法

项目基本技能

技能应用一　七段 LED 数码显示电路的设计

常用的七段 LED 数码管内部有 8 个（7 段和 1 个小数点）发光二极管，是单片机应用系统中最常用的输出显示器件，它具有显示清晰、亮度高、接口方便、价格便宜等优点。

一、1 位数码管静态显示

1. 技能要求

单片机的 P2 口接 1 位共阴型七段数码管，P3 口接 1 位共阳型七段数码管，编程实现两个数码管显示数字"5"以及循环显示 0～9 十个数字。

2. 仿真电路图

仿真电路图如图 4-1 所示。共阴型数码管使用元件库中的"7SEG-MPX1-CC"，即 1 位七段共阴型数码管，共阳型数码管使用元件库中的"7SEG-MPX1-CA"，即 1 位七段共阳型数码管。

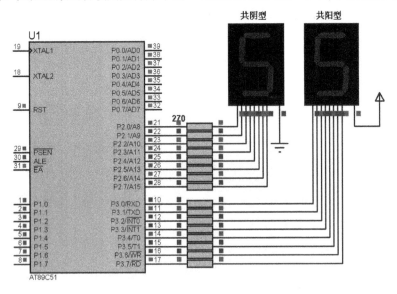

图 4-1　1 位数码管静态显示电路

小贴士

在 Proteus 软件中，单片机已默认连接了复位电路及晶振电路，实训中无须再画这两个电路，本书在以后的电路中也将不再画这两个电路。

3. 程序设计与调试

设计思路是通过 P2 口和 P3 口分别输出数字"5"的共阴型段码和共阳型段码。

实现显示固定数字的程序如下：

```c
#include <reg51.h>
unsigned char code seg_ca[]=
{0xc0,0xf9,0xa4,0xb0,0x99,0x92,0x82,0xf8,0x80,0x90};
                                //共阳型 0～9 十个数字的段码
unsigned char code seg_cc[]=
{0x3F,0x06,0x5B,0x4F,0x66,0x6D,0x7D,0x07,0x7F,0x6F};
                                //共阴型 0～9 十个数字的段码

int main()
{
    while(1)
    {
        P2=seg_cc[5];          //P2 口输出"5"的段码
        P3=seg_ca[5];          //P3 口输出"5"的段码
    }
}
```

实现循环显示数字 0～9 的程序如下：

```c
#include <reg51.h>
unsigned char code seg_ca[]=
{0xc0,0xf9,0xa4,0xb0,0x99,0x92,0x82,0xf8,0x80,0x90};
                                //共阳型 0～9 十个数字的段码
unsigned char code seg_cc[]=
{0x3F,0x06,0x5B,0x4F,0x66,0x6D,0x7D,0x07,0x7F,0x6F};
                                //共阴型 0～9 十个数字的段码

int main()
{
    unsigned char i;
    unsigned int j;
    while(1)
    {
        for (i=0;i<=9;i++)
        {
            P2=seg_cc[i];              //P2 依次输出共阴型 0～9 的段码
            P3=seg_ca[i];              //P3 依次输出共阳型 0～9 的段码
            for (j=0;j<30000;j++);     //延时
        }
    }
}
```

本程序虽然显示的数字是跳动的、变化的，但仍然是静态显示，因为加在数码管上的段码是哪个数字的段码，数码管就显示哪个数字，直到这个段码改变，显示的数字才会改变。请读者认真体会一下静态显示的概念。

二、多位数码管动态扫描显示

1. 技能要求

单片机的 P0 口作段控，P2 口作位控，接 8 个七段数码管，编程实现这 8 个数码管显示数字"12345678"。

2. 仿真电路图

8 位数码管动态扫描显示仿真电路图如图 4-2 所示。其中 8 个数码管直接使用一个 8 位数码管，该元件在 Proteus 软件中的名字为"7SEG-MPX8-CA-BLUE"，即 8 位共阳型蓝色七段数码管，这个元件可以在元件库"Optoelectronics"中找到，或者搜索"7SEG"；74LS245 为双向驱动电路，当 1 脚为高平时，A 为输入，B 为输出；RN1 为电阻排，也叫排阻，里面封装了 8 只阻值相同的电阻，在电路中起限流作用；RP1 也是排阻，和 RN1 不同的是，8 只电阻的一端并接在一起，引出一个脚（即 1 脚），在电路中起上拉电阻的作用。值得注意的是，由于数码管为共阳极型，P0 口输出低电平有效，RP1 可以省略。

3. 程序设计与调试

实现 8 位数码管从左到右依次显示数字"1、2、3、4、5、6、7、8"八个数字。设计流程图如图 4-3 所示。

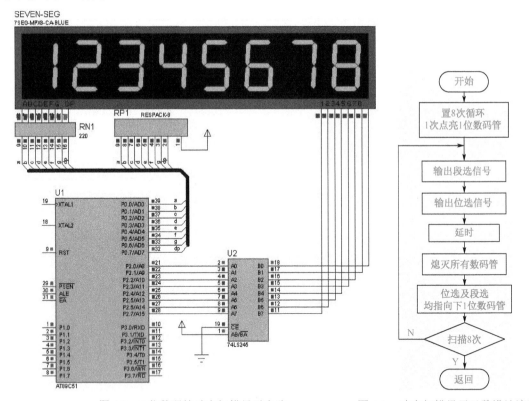

图 4-2   8 位数码管动态扫描显示电路   图 4-3   动态扫描显示函数设计流程图

根据流程图编写程序如下：

```
#include <reg51.h>
#include <INTRINS.H>
unsigned char code seg[]={0xc0,0xf9,0xa4,0xb0,0x99,0x92,0x82,0xf8,0x80,
0x90};
                          //0~9十个数字的共阳型段码

void delay()
{
```

```
        unsigned int j;
        for (j=0;j<50;j++);
    }
    int main()
    {
        while(1)
        {
            unsigned char i,wk=0x01;    //wk 变量作位控，初始选通右边第 1 位
            for (i=8;i>=1;i--)
            {
                P2=wk;                  //输出位控
                P0=seg[i];              //依次输出 1～8 的段码
                wk=_crol_(wk,1);        //位控左移一位
                delay();                //延时
                P0=0xff;                //熄灭所有数码管（消隐）
            }
        }
    }
```

小贴士

在数码管动态扫描显示中，扫描完每位时熄灭所有的数码管，即消隐控制信号是必须的。因为如果不进行消隐，上 1 位数码管的位控信号处于锁存输出的同时，下 1 位数码管的段控信号便输出到段控端，在实际电路中的结果就是下 1 位数码管上会显示上 1 位数码管所显示数字的影子，俗称"鬼影"，在 Proteus 软件中仿真时不能正常显示。数码管动态扫描时，消除"鬼影"一般不需要同时熄灭位和段，基本原则是后送位控信号就消位，后送段控信号就消段。

技能应用二　键盘接口电路的设计

一、独立按键控制数码管加减计数

1. 技能要求

单片机输出口接 3 位数码管和三个独立按键，这 3 位数码管分别显示一个变量的个位、十位和百位，三个按键分别作为"加"、"减"和"清零"功能。当按下"加"键时，数码管显示的变量加 1；当按下"减"键时，数码管显示的变量减 1；当按下"清零"键时，数码管显示的变量为 0。

2. 仿真电路图

独立按键控制数码管加减计数的电路如图 4-4 所示。电路使用一个 1 位数码和一个 2 位数码管，均为共阳型数码管，请注意两者之间的连接方法。

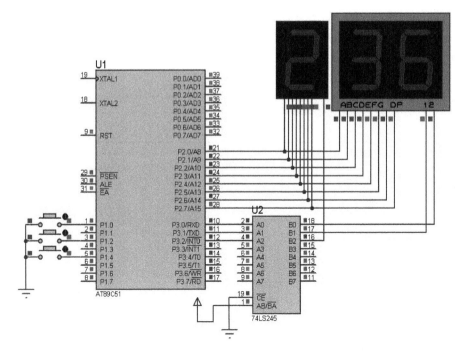

图 4-4   独立按键控制数码管加减计数电路

3. 程序设计与调试

在单片机测控系统中，往往要在 LED 数码管上显示一个变量，而这个变量可能是一个大于 9 的多位数，且其值也随时会改变，这就涉及多位 LED 数码管显示变量的问题。下面介绍如何确定一个变量的"个"、"十"、"百"……位，并将每一位在 LED 数码管上显示。

要获取一个变量的每一位数字的值，用到除法运算符"/"和模运算符"%"两个算术运算符。当两个整数做除法运算时结果仍为整数，余数则会被丢弃，因此可作为取整操作；模运算"%"表示取余操作。

例如，求一个变量 temp 的"百"、"十"、"个"位，分别赋给变量 a、b、c 的操作如下：

```
a=temp/100%10;        //除以 100，再对 10 取余
b=temp/10%10;         //求得 temp 的十位
c=temp%10;            //求得 temp 的个位
```

要在 LED 数码管上显示变量 temp 的"百"、"十"、"个"位，可直接写作：

```
P2=seg[temp/100%10];
P2=seg[temp/10%10];
P2=seg[temp%10];
```

其中 seg[]是存放 0～9 段码的数组。

由于数组 seg[]下标的值，也就是数码管要显示的内容往往随着单片机控制程序的运行而改变，且无规律，所以每 1 位数码管就要书写 1 段显示程序，使得程序变得很长且不便于控制。为此，可以定义一个"数码管显示缓冲数组"buf[]，将数码管要显示的内容先赋给数组 buf[]，只要书写显示 buf[]内容的程序就可以了。

例如，本实例中要显示的变量假设为 temp，显示程序如下：

```
unsigned char i,wk=0xfe;        //wk 变量作位控，初始选通右边第 1 位
unsigned char buf[3];           //声明数码管显示字形缓冲数组
```

```
buf[0]=seg[temp%10];              //temp 的个位
buf[1]=seg[temp/10%10];           //temp 的十位
buf[2]=seg[temp/100];             //temp 的百位, 小于 999 时可以不对 10 取余
for (i=0;i<3;i++)
{
    P2=buf[i];                    //依次输出段码
    P3=wk;                        //输出位控
    delay();                      //延时
    wk=_crol_(wk,1);              //位控左移一位
    P3=0xff;                      //熄灭所有数码管（消隐）
}
```

这样写的好处是，当数码管位数增多时，不需要再增加程序，只需增加 for()循环的次数即可。

独立按键控制数码管加减计数的程序如下：

```
#include <reg51.h>
#include <INTRINS.H>
unsigned char a;
unsigned char code seg[]={0xc0,0xf9,0xa4,0xb0,0x99,0x92,0x82,0xf8,0x80,0x90};
                                  //0～9 十个数字的共阳型段码
sbit k1=P1^0;
sbit k2=P1^2;
sbit k3=P1^4;
void delay(unsigned int j)
{
    while(j--);
}
display()
{
    unsigned char i,wk=0x01;      //wk 变量作位控, 初始选通右边第 1 位
    unsigned char buf[3];         //声明数码管显示字形缓冲数组
    buf[0]=seg[a%10];             //a 的个位
    buf[1]=seg[a/10%10];          //a 的十位
    buf[2]=seg[a/100];            //a 的百位, 小于 999 时可以不对 10 取余
    for (i=0;i<3;i++)
    {
        P3=wk;                    //输出位控
        P2=buf[i];                //依次输出段码
        delay(50);                //延时
        wk=_crol_(wk,1);          //位控左移一位
        P2=0xff;                  //熄灭所有数码管（消隐）
    }
}
void button()
{
    k1=1;
    if(k1==0)
    {
        delay(1000);
```

```
        if(k1==0)
        {
            a++;
            while(k1==0)display();
        }
    }
    k2=1;
    if(!k2)                //如果 k2 为低电平的另一种表示方法
    {
        delay(1000);
        if(!k2)
        {
            a--;
            while(!k2)display();
        }
    }
    k3=1;
    if(k3==0)
    {
        delay(1000);
        if(k3==0)
        {
            a=0;
            while(k3==0)display();
        }
    }
}
int main()
{
    while(1)
    {
        button();
        display();
    }
}
```

二、数码管显示 4×4 键盘编号

1. 技能要求

单片机 P2 接 1 位数码管，P1 口接由 16 个按键组成的 4×4 行列键盘。当按下这 16 个按键的其中之一时，数码管显示该按键对应的键盘编号。

2. 仿真电路图

数码管显示 4×4 键盘编号的电路图如图 4-5 所示，电路中的轻触按键使用元件库中的

"button" 元件，特别注意 16 个按键的连接关系及其和单片机之间的连接关系。

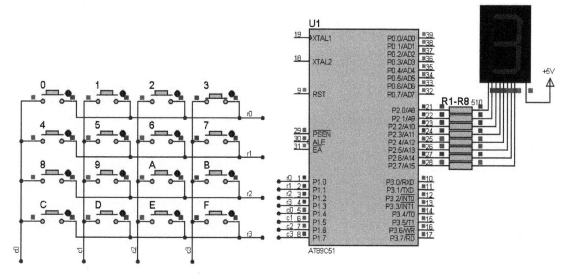

图 4-5　数码管显示 4×4 键盘编号电路

3. 程序设计与调试

程序采用线翻转法识别闭合键，参考程序如下：

```c
#include <reg51.h>
unsigned char code seg[]=
{0xc0,0xf9,0xa4,0xb0,0x99,0x92,0x82,0xf8,0x80,0x90,    //0~9 的段码
0x88,0x83,0xc6,0xa1,0x86,0x8e};                        //A~F 的段码
delay(unsigned int i)
{
        while(i--);
}
void keyScan()
{
        unsigned char temp,a;
        temp=0xff;
        P1=0xf0;
        if (P1!=0xf0)                   //判断是否有按键被按下
        {
            delay(1000);                //延时去抖
            if (P1!=0xf0)               //再次判断是否有按键被按下
            {
                P1=0xf0;                //行作输出，列作输入
                temp=P1;                //读取列值
                P1=0x0f;                //列作输出，行作输入
                temp=temp|P1;           //读取行值并和列值合并
                switch (temp)
                {
                    case 0xee:a=0;      break;
                    case 0xde:a=1;      break;
                    case 0xbe:a=2;      break;
```

```
                    case 0x7e:a=3;        break;
                    case 0xed:a=4;        break;
                    case 0xdd:a=5;        break;
                    case 0xbd:a=6;        break;
                    case 0x7d:a=7;        break;
                    case 0xeb:a=8;        break;
                    case 0xdb:a=9;        break;
                    case 0xbb:a=10;       break;
                    case 0x7b:a=11;       break;
                    case 0xe7:a=12;       break;
                    case 0xd7:a=13;       break;
                    case 0xb7:a=14;       break;
                    case 0x77:a=15;       break;
                }
                P2=seg[a];        //将键值对应的段码送到 P2 口
                P1=0xf0;
                while (P1!=0xf0)delay(50);
            }
        }
    }
}
int main()
{
    while(1)
        {
            keyScan();
        }
}
```

读者可以练习使用逐行扫描编写本实例的程序。

技能应用三　LED 点阵显示屏的设计

LED 显示屏不但能显示图形、汉字，还能播放视频，它们在车站、广场、小区以及店铺招牌中应用非常广泛。

一、8×8 LED 点阵显示屏的设计

1. 技能要求

单片机 I/O 口接一块 8×8 点阵显示模块，编写程序实现字符静止显示和滚动显示。

2. 仿真电路图

8×8 LED 点阵显示电路如图 4-6 所示。8×8 LED 点阵模块使用元件库中的"MATRIX-8×8-GREEN"；74LS245 为双向驱动电路，当 1 脚为高电平时，A 为输入，B 为输出；RP1 为电阻排，也叫排阻，内部由 8 只电阻构成，1 脚为公共端，在电路中作为上拉电阻，其在元件库的名称为"RESPACK-8"。

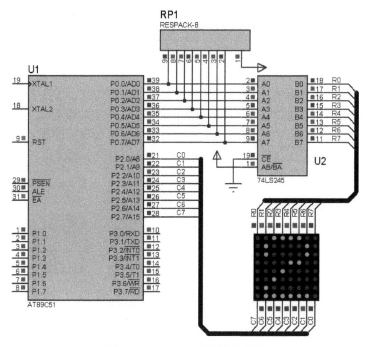

图 4-6 8×8 LED 点阵显示电路

3. 程序设计与调试

（1）显示静止字符

显示汉字一般最少需要 16×16 或更高的分辨率，而 8×8 的点阵只能显示一些简单的图形或字符。显示静止字符"2"的参考程序如下：

```c
#include <reg51.h>
#include <intrins.h>
unsigned char code tab[]={0xff,0x39,0x5e,0x6e,0x76,0x76,0x79,0xff};//"2"
的字模码
delay()
{
    unsigned int j;
    for (j=0;j<60;j++);
}
display()
{
    unsigned char i,wk=0x80;     //wk 变量作列控，初始选通左边第 1 列
    for (i=0;i<8;i++)
    {
        P2=wk;                   //输出列控
        P0=tab[i];               //依次输出行字模码
        delay();                 //延时
        wk=_cror_(wk,1);         //列控右移一位
        P0=0xff;                 //熄灭所有 LED（消隐）
    }
}
int main()
{
    while(1)
    {
```

```
            display();
      }
}
```

（2）显示滚动字符

　　要在一块显示模块上显示多个字符，可以采用滚动显示方法。要使显示的内容滚动，可以定时对字模码数组下标做加"1"（左移滚动）或减"1"（右移滚动）操作，这样就在选中的列上显示下一个字模码，产生滚动效果，显示滚动字符效果如图 4-7 所示。

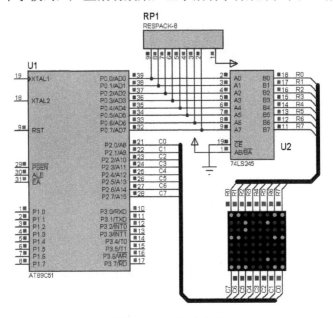

图 4-7　显示滚动字符

　　滚动显示字符"23"的参考程序如下：

```
#include <reg51.h>
#include <intrins.h>
unsigned char count,Num;
unsigned char code tab[]=
{
    0xff,0x39,0x5e,0x6e,0x76,0x76,0x79,0xff,      //"2"的字模码
    0xff,0xbd,0x76,0x76,0x76,0x6a,0x9d,0xff,      //"3"的字模码
    0xff,0x39,0x5e,0x6e,0x76,0x76,0x79,0xff,      //"2"的字模码
};
delay()
{
    unsigned int j;
    for (j=0;j<60;j++);
}
display()
{
    unsigned char i,wk=0x80;      //wk 变量作列控，初始选通左边第 1 列
    for (i=0;i<8;i++)
    {
        P2=wk;                    //输出列控
        P0=tab[i+Num];            //依次输出行字模码
        delay();                  //延时
```

```
        wk=_cror_(wk,1);         //列控右移一位
        P0=0xff;                 //熄灭所有 LED（消隐）
    }
}
int main()
{
    while(1)
    {
        display();
        count++;
        if(count==20)
        {
            count=0;
            Num=(Num+1)%16;
        }
    }
}
```

二、16×16 LED 点阵显示屏的设计

1. 技能要求

16×16 点阵可以显示汉字和简单图形，本实例要求使用单片机 I/O 口连接由四块 8×8 点阵组成的 16×16 点阵显示屏，编写程序实现显示汉字和滚动显示汉字。

2. 仿真电路图

16×16 点阵显示电路如图 4-8 所示。请注意四块点阵之间以及与单片机之间的连接方法，为了使读者更容易理解其连接方法，图中没有把四块点阵并靠在一起。

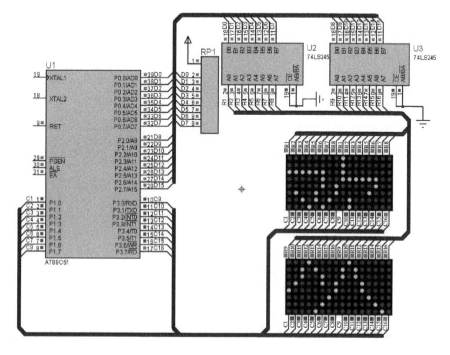

图 4-8　16×16 点阵显示电路

3. 程序设计与调试

16×16 点阵显示程序与 8×8 点阵显示程序相似，仍然采用逐列扫描方式，但在 16×16 点阵显示中，一个显示内容是由 16 列共 32 个字节组成，每扫描一列，从字模中取出两个字节分别形成显示内容上半部和下半部。

16×16 点阵显示一个汉字的程序如下：

```c
#include <reg51.h>
#include <intrins.h>
unsigned char code tab[]=
{
0xFB,0xEF,0xDB,0xF7,0xBB,0xF9,0x7B,0xFE,0x9B,0x7D,0x63,0xB3,0xBF,0xDF,0x
CF,0xE7,
    0xF0,0xF9,0x37,0xFE,0xF7,0xF9,0xF7,0xE7,0xD7,0xDF,0xE7,0xBF,0xFF,0x7F,0x
FF,0xFF,/*"欢",0*/
};
void delay()
{
    unsigned int j;
    for (j=0;j<60;j++);
}
void display()
{
    unsigned char i;
    unsigned int wk=0x01;              //wk 变量作位控，初始选通左边第 1 列
    for (i=0;i<16;i++)
    {
        P1=wk%256;                     //输出列控低 8 位
        P3=wk/256;                     //输出列控高 8 位
        P0=tab[2*i];                   //依次输出上半部行字模码
        P2=tab[2*i+1];                 //依次输出下半部行字模码
        delay();                       //延时
        wk=_irol_(wk,1);               //列控右移一位
        P0=0xff;                       //熄灭所有 LED（消隐）
    }
}
int main()
{
    while(1)
    {
        display();
    }
}
```

16×16 点阵滚动显示采取定时对字模码数组加"2"的方法，因为一列由 2 个字节组成。16×16 点阵滚动显示效果如图 4-9 所示，为了显示美观，电路中将四块点阵并靠在一起并关闭了引脚电平的动画效果。关闭引脚电平动画效果的方法是：单击菜单【System】→【Set Animation Options…】，在弹出的对话框的"Animation Options"框架内把"Show Logic State of Pins?"后面的钩去掉。

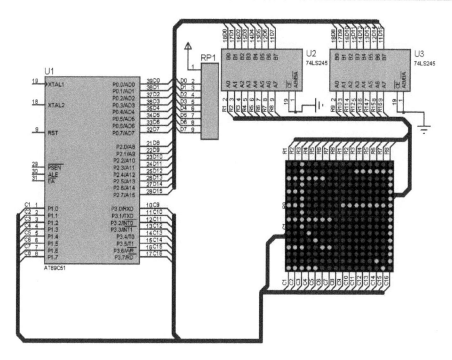

图 4-9　16×16 点阵滚动显示效果

16×16 点阵滚动显示参考程序如下：

```
#include <reg51.h>
#include <intrins.h>
unsigned char count;
unsigned int Num;
unsigned char code tab[]=
{
0xFF,0xEE,0xFB,0xEE,0xFB,0x76,0xFB,0x7A,0x00,0x6C,0xAB,0x6E,0xAB,0x6E,0x
AB,0x02,
    0xAB,0x6E,0xAB,0x6E,0x00,0x6C,0xFB,0x7A,0xFB,0x76,0xFB,0xEE,0xFF,0xEE,0x
FF,0xFF,/*"基",0*/
    0xBF,0xFF,0xBF,0xFF,0xBD,0xFF,0xBD,0xFF,0xBD,0xFF,0xBD,0xBF,0xBD,0x7F,0x
01,0x80,
    0xBD,0xFF,0xBD,0xFF,0xBD,0xFF,0xBD,0xFF,0xBD,0xFF,0xBF,0xFF,0xBF,0xFF,0x
FF,0xFF,/*"于",1*/
    0xF7,0xDF,0x07,0xC0,0xF7,0xDE,0xF7,0xFE,0xF7,0xFE,0xF7,0xFE,0x0F,0xFF,0x
FF,0xFF,/*"P",2*/
    0x7F,0xDF,0x7F,0xDF,0x7F,0xC0,0xFF,0xDE,0x7F,0xDF,0x7F,0xFF,0x7F,0xFE,0x
FF,0xFF,/*"r",3*/
    0xFF,0xFF,0xFF,0xE0,0x7F,0xDF,0x7F,0xDF,0x7F,0xDF,0x7F,0xDF,0xFF,0xE0,0x
FF,0xFF,/*"o",4*/
    0xFF,0xFF,0x7F,0xFF,0x7F,0x1F,0xE0,0x7F,0xDF,0x7F,0xDF,0xFF,0xFF,0x
FF,0xFF,/*"t",5*/
    0xFF,0xFF,0xFF,0xE0,0x7F,0xDD,0x7F,0xDD,0x7F,0xDD,0x7F,0xDD,0xFF,0xEC,0x
FF,0xFF,/*"e",6*/
    0x7F,0xFF,0x7F,0xE0,0xFF,0xDF,0xFF,0xDF,0xFF,0xDF,0x7F,0xEF,0x7F,0xC0,0x
FF,0xDF,/*"u",7*/
```

```
    0xFF,0xFF,0xFF,0xCC,0x7F,0xDB,0x7F,0xDB,0x7F,0xDB,0x7F,0xDB,0x7F,0xE6,0x
FF,0xFF,/*"s",8*/
    0xFF,0xFE,0x7F,0xFF,0x9F,0xFF,0x07,0x00,0xF8,0x7F,0xF7,0xBF,0xF7,0xCF,0x
07,0xF0,
    0x76,0xFF,0x71,0xBF,0x77,0x7F,0x77,0xBF,0x77,0xC0,0xF7,0xFF,0xF7,0xFF,0x
FF,0xFF,/*"仿",9*/
    0xFF,0xEF,0xFB,0xEF,0xFB,0x6F,0x0B,0xA0,0xAB,0xCA,0xAB,0xEA,0xAB,0xEA,0x
A0,0xEA,
    0xAB,0xEA,0xAB,0xEA,0xAB,0xCA,0x0B,0xA0,0xFB,0x6F,0xFB,0xEF,0xFF,0xEF,0x
FF,0xFF,/*"真",10*/
    0xFF,0xFF,0x07,0x80,0xF3,0xDE,0xF4,0xDE,0xF7,0xDE,0xF7,0xDE,0x07,0x80,0x
BF,0xFF,
    0xCF,0xFF,0x70,0xFF,0xF7,0xBC,0xF7,0x7F,0xF7,0xBF,0x07,0xC0,0xFF,0xFF,0x
FF,0xFF,/*"的",11*/
    0xFF,0xEF,0xFF,0xEF,0x07,0xEC,0xB6,0xED,0xB5,0xED,0xB3,0xED,0xB7,0xED,0x
07,0x00,
    0xB7,0xED,0xB3,0xED,0xB5,0xED,0xB6,0xED,0x07,0xEC,0xFF,0xEF,0xFF,0xEF,0x
FF,0xFF,/*"单",12*/
    0xFF,0xFF,0xFF,0x7F,0xFF,0x9F,0x01,0xE0,0xDF,0xFD,0xDF,0xFD,0xDF,0xFD,0x
DF,0xFD,
    0xDF,0xFD,0xC0,0xFD,0xDF,0x01,0xDF,0xFF,0xDF,0xFF,0xDF,0xFF,0xFF,0xFF,0x
FF,0xFF,/*"片",13*/
    0xEF,0xFB,0xEF,0xFC,0x2F,0xFF,0x00,0x00,0x6F,0xFF,0xEF,0x7C,0xFF,0x9F,0x
01,0xE0,
    0xFD,0xFF,0xFD,0xFF,0xFD,0xFF,0x01,0xC0,0xFF,0xBF,0xFF,0xBF,0xFF,0x87,0x
FF,0xFF,/*"机",14*/
    0xEF,0xFB,0xEF,0xBB,0xEF,0x7D,0x00,0x80,0xEF,0xFE,0x6F,0x7F,0xF7,0x7F,0x
77,0xBF,
    0x77,0xBC,0x77,0xD3,0x00,0xEF,0x77,0xD7,0x77,0xB9,0x77,0x7E,0xF7,0x7F,0x
FF,0xFF,/*"技",15*/
    0xF7,0xFF,0x33,0x00,0xB5,0xED,0xB6,0xED,0xB7,0xAD,0xB5,0x6D,0x33,0x80,0x
E7,0xFF,
    0xFF,0xFF,0x80,0x81,0x77,0x77,0x77,0x77,0x7B,0x7B,0x7D,0x7D,0x1F,0x1F,0x
FF,0xFF,/*"能",16*/
    0xFF,0xBF,0xFF,0xCF,0x03,0xF0,0xFB,0xBF,0xBB,0xBF,0x7B,0xBE,0xFB,0xB1,0x
DA,0xBF,
    0x39,0xBF,0xFB,0x9C,0xFB,0xAF,0xFB,0xB3,0xFB,0xBC,0x1B,0xBF,0xFB,0xBF,0x
FF,0xFF,/*"应",17*/
    0xFF,0x7F,0xFF,0x9F,0x01,0xE0,0xDD,0xFD,0xDD,0xFD,0xDD,0xFD,0xDD,0xFD,0x
01,0x80,
    0xDD,0xFD,0xDD,0xFD,0xDD,0xBD,0xDD,0x7D,0x01,0x80,0xFF,0xFF,0xFF,0xFF,0x
FF,0xFF,/*"用",18*/
    0xFF,0xF7,0xFF,0xF7,0x1F,0xF7,0x60,0xF7,0x77,0xF7,0x77,0xF7,0x77,0xF7,0x
77,0xF7,
    0x77,0xF7,0x77,0xB7,0x77,0x7F,0x77,0xBF,0x77,0xC0,0xF7,0xFF,0xFF,0xFF,0x
FF,0xFF,/*"与",19*/
    0xEF,0xFB,0xF3,0x7B,0xFB,0x7B,0x7B,0xBB,0xEB,0xB8,0x9B,0xDB,0xFA,0xEB,0x
F9,0xF3,
    0x0B,0xF8,0xFB,0xF3,0xFB,0xEB,0xFB,0xDB,0xFB,0xBB,0xEB,0x7B,0xF3,0xFB,0x
FF,0xFF,/*"实",20*/
    0xBF,0xFF,0xBF,0xFF,0xBD,0xFF,0x33,0xC0,0xFF,0xEF,0xFF,0x77,0xFF,0x9F,0x
00,0xE0,
```

```
0xFF,0xFF,0xFF,0xFF,0x01,0xC0,0xFF,0xFF,0xFF,0xFF,0x00,0x00,0xFF,0xFF,0x
FF,0xFF,/*"训",21*/
};
delay()
{
    unsigned int i;
    for (i=0;i<60;i++);
}
display()
{
    unsigned char i;
    unsigned int wk=0x01;           //wk 变量作位控，初始选通左边第 1 列
    for (i=0;i<16;i++)
    {
        P1=wk%256;                  //输出列控低 8 位
        P3=wk/256;                  //输出列控高 8 位
        P0=tab[2*i+Num];            //依次输出上半部行字模码
        P2=tab[2*i+1+Num];          //依次输出下半部行字模码
        delay();                    //延时
        wk=_irol_(wk,1);            //列控右移一位
        P0=0xff;                    //熄灭所有 LED（消隐）
    }
}
int main()
{
    while(1)
    {
        display();
        count++;
        if(count==20)               //count 的最大值决定滚动快慢
        {
            count=0;
            Num=(Num+2)%560;
        }
    }
}
```

技能应用四 液晶显示电路的设计

一、LCD12864 点阵液晶简介

在单片机应用系统中，常用的显示器件有 LED 数码管、LED 点阵显示器和液晶显示模块等。其中液晶显示器显示信息量大、功耗极低，由于没有什么劣化问题，所以寿命极长，并且易于彩色化，因此在各种电子产品中应用越来越广泛，如各种家用电器的操作面板、手机、数码相机等。

我们平时所说的液晶显示器实际上指的是液晶显示模块，它是将液晶显示器件、连接件、控制与驱动等外围电路、PCB 电路板、背光源、结构件等装配在一起的组件。液晶显示模块主要分为字段式、点阵字符式和点阵图形式三种。

点阵图形式液晶显示模块显示面积较大，可以显示各种图形、字符和汉字，如 12864 是像素总量为 128×64，可以显示 4 行每行 8 个 16×16 的汉字的点阵图形式液晶显示模块。

12864 是 128×64 点阵液晶模块的点阵数简称，业界约定俗成的简称。其型号很多，驱动电路及引脚也各不相同，有的本身带字库，可以直接调用，有的不带字库，需要自己编写字模表，使用时需查阅相关资料。

二、LCD12864 显示汉字及变量

1. 图形点阵 LCD 显示原理

图形点阵 LCD 显示器可以显示汉字、字符、图形和图像等，其显示原理和前面所介绍的 LED 点阵模块显示原理非常相似，也是控制 LCD 点阵中各个像素的亮和暗，只要控制这些像素按照一定规律亮或暗，就能组成所要显示的汉字或图形，16×16 像素的 LCD 显示"欢"字的示意图如图 4-10（a）所示。由图可知，控制每个像素的电平为"0"时不亮，为"1"时点亮（对于液晶为高电平时不透光显示黑色），如果把 16×16 个像素分成上下两个部分，每个部分为 16 列，每列对应 1 个字节（每个字节对应 8 位二进制数），共 32 个字节，用这 32 个字节高、低电平就可以控制 LCD 显示汉字"欢"，这 32 个字节的二进制数称为"欢"的字模，如图 4-10（b）所示。

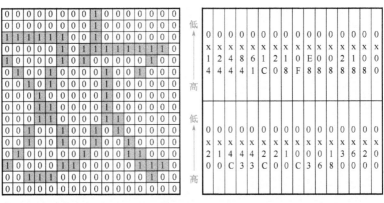

(a) 显示"欢"字示意图　　　　(b) 汉字"欢"的字模图

图 4-10　LCD 显示"欢"字示意图和字模图

由字模构成的一组数据称为字模表，汉字"欢"的字模表如下：

```
/*-- 文字： 欢 --*/
/*-- 宋体12； 此字体下对应的点阵为：宽 x 高=16x16 --*/
{0x14,0x24,0x44,0x84,0x64,0x1C,0x20,0x18,0x0F,0xE8,0x08,0x08,0x28,0x18,0
x08,0x00,
0x20,0x10,0x4C,0x43,0x43,0x2C,0x20,0x10,0x0C,0x03,0x06,0x18,0x30,0x60,0x
20,0x00}
```

和 LED 点阵的控制方式不同，所有的 LCD 图形点阵显示器中都有显示缓存，单片机只需要将点阵字模表中的数据写入 LCD 的显示缓存中，LCD 的行、列驱动器就会自动扫描 LCD 点阵，显示用户所要求的内容。显示缓存都是采用字节方式写入的，LCD 显示器上的点阵是按字节方式 8 个点一组来控制的。显示汉字最低要求 16×16 的点阵，即 32 个字节，字符（英文字母和数字等）一般要求 8×16 的点阵，即 16 个字节。

字模的生成一般是由字模生成软件来完成的，字模生成软件在 LED 点阵一节中已经讲过，这里不再赘述。

2. 液晶显示模块 TG12864

TG12864 是一款无字库的图形点阵显示模块，其屏幕由 128 列×64 行点阵组成。

（1）TG12864 的引脚及接口说明

TG12864 的引脚及接口说明如表 4-1 所示。

表 4-1　TG12864 的引脚及接口说明

引　脚　号	引　　脚	电　平	方　　向	说　　　明
1	VSS	0V	—	电源地
2	VDD	+5V	—	电源正极
3	V0	—	I	对比度调节
4	D/I	H/L	I	数据/指令选择。1：数据操作；0：指令操作
5	R/W	H/L	I	读/写选择。1：读操作；0 写操作
6	E	H	I	读写使能，高电平有效，下降沿锁定数据
7	DB0	H/L	I/O	
8	DB1	H/L	I/O	
9	DB2	H/L	I/O	
10	DB3	H/L	I/O	
11	DB4	H/L	I/O	数据总线
12	DB5	H/L	I/O	
13	DB6	H/L	I/O	
14	DB7	H/L	I/O	
15	CS1	H	I	片选信号，高电平时选择左半屏
16	CS2	H	I	片选信号，高电平时选择右半屏
17	$\overline{RST}$	L	I	复位信号，低电平有效
18	VEE	—	O	LCD 内部驱动，可对地接 10kΩ 电位器
19	LED+	+5V	—	LED 背光电源正极
20	LED–	0V	—	LED 背光电源负极

（2）TG12864 的控制指令介绍

TG12864 液晶显示模块内部有显示数据 DDRAM（64×8×8 位）、输入/输出寄存器、指令寄存器、状态寄存器和地址寄存器等，单片机可以通过 7 种指令对这些寄存器进行操作，实现相应的控制，分别介绍如下：

① 显示开/关设置指令

指令格式：

R/W	D/I	DB7	DB6	DB5	DB4	DB3	DB2	DB1	DB0
0	0	0	0	1	1	1	1	1	1/0

功能：设置屏幕显示开/关。DB0=1，开显示；DB0=0，关显示。不影响显示 DDRAM 中的内容。

解释：R/W=0 表示写入操作，D/I=0 表示操作指令寄存器，数据 0x3e 表示关显示，数据 0x3f 表示开显示。

② 设置显示起始行（Z 地址）

指令格式：

R/W	D/I	DB7	DB6	DB5	DB4	DB3	DB2	DB1	DB0
0	0	1	1	行地址（0～63）					

功能：执行该命令后，所设置的行将显示在屏幕的第一行。显示起始行是由 Z 地址计数器控制的，该命令自动将 A0～A5 位地址送入 Z 地址计数器，起始地址可以是 0～63 范围内任意一行。Z 地址计数器具有循环计数功能，用于显示行扫描同步，当扫描完一行后自动加 1。

③ 设置页地址（X 地址）

指令格式：

R/W	D/I	DB7	DB6	DB5	DB4	DB3	DB2	DB1	DB0
0	0	1	0	1	1	1	页地址（0～7）		

功能：执行本指令后，下面的读写操作将在指定页内，直到重新设置。页地址就是 DDRAM 的行地址，页地址存储在 X 地址计数器中，DB2～DB0 可表示 8 页，读写数据对页地址没有影响，除本指令可改变页地址外，复位信号（RST）可把页地址计数器内容清零。

④ 设置列地址（Y 地址）

指令格式：

R/W	D/I	DB7	DB6	DB5	DB4	DB3	DB2	DB1	DB0
0	0	0	1	列地址（0～63）					

功能：DDRAM 的列地址存储在 Y 地址计数器中，读写数据对列地址有影响，在对 DDRAM 进行读写操作后，Y 地址自动加 1。

TG12864 的 DDRAM 与 X、Y 地址对照示意图如图 4-11 所示。

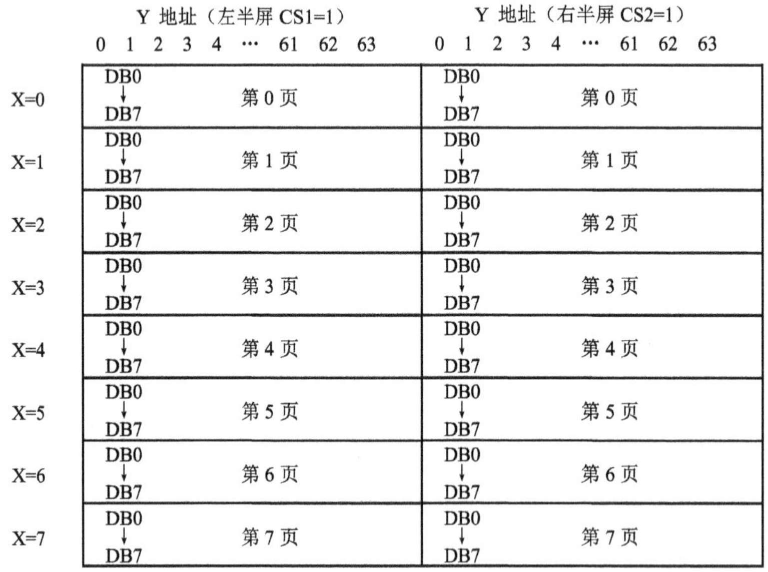

图 4-11　TG12864 的 DDRAM 与 X、Y 地址对照示意图

⑤ 状态检测

指令格式：

R/W	D/I	DB7	DB6	DB5	DB4	DB3	DB2	DB1	DB0
1	0	BF	0	ON/OFF	RST	0	0	0	0

功能：读忙信号标志位（BF）、复位标志位（RST）以及显示状态位（ON/OFF）。

BF=1：内部正在执行操作；BF=0：空闲状态。当 BF=1（忙）时单片机除读状态字外的任何操作都是无效的。

RST=1：正处于复位初始化状态；RST=0：正常状态。

ON/OFF=1：表示显示关；ON/OFF=0：表示显示开。

⑥ 写显示数据

指令格式：

R/W	D/I	DB7	DB6	DB5	DB4	DB3	DB2	DB1	DB0
0	1	D7	D6	D5	D4	D3	D2	D1	D0

功能：写数据到 DDRAM，DDRAM 是存储图形显示数据的，写指令执行后 Y 地址计数器自动加 1。D7～D0 位数据为 1 表示显示，数据为 0 表示不显示。写数据到 DDRAM 前，要先执行"设置页地址"及"设置列地址"命令。

⑦ 读显示数据

指令格式：

R/W	D/I	DB7	DB6	DB5	DB4	DB3	DB2	DB1	DB0
1	1	D7	D6	D5	D4	D3	D2	D1	D0

功能：从 DDRAM 读数据，读指令执行后 Y 地址计数器自动加 1。从 DDRAM 读数据前要先执行"设置页地址"及"设置列地址"命令。

小贴士

设置列地址后，首次读 DDRAM 中数据时，须连续执行读操作两次，第二次才为正确数据。读内部状态则不需要此操作。

（3）TG12864 与单片机接口电路

TG12864 与单片机接口电路如图 4-12 所示。液晶 12864 使用元件库中的"LGM12641 BS1R"。

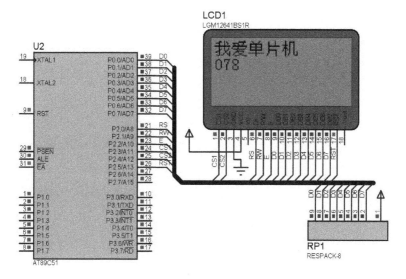

图 4-12   TG12864 与单片机接口电路

（4）驱动程序设计

第 1 行显示"我爱单片机"，第 2 行显示自加变量 a，参考程序如下：

```
#include<reg51.h>
#define uchar   unsigned char
#define uint    unsigned int
#define dPort   P0              //数据端口 P0
sbit rs     =P2^0;              //数据指令，为 0 指令，为 1 数据
sbit rw     =P2^1;              //读写控制指令
sbit e      =P2^2;              //使能端
sbit cs1    =P2^3;              //左半屏
sbit cs2    =P2^4;              //右半屏
sbit rst    =P2^5;              //复位
uchar a;
code uchar hz[][32]=    {
/*-- 文字：我 --*/
0x20,0x24,0x24,0x24,0xFE,0x23,0x22,0x20,0x20,0xFF,0x20,0x22,0x2C,0xA0,0x
20,0x00,
0x00,0x08,0x48,0x84,0x7F,0x02,0x41,0x40,0x20,0x13,0x0C,0x14,0x22,0x41,0x
F8,0x00,
/*-- 文字：爱 --*/
0x80,0x64,0x2C,0x34,0x24,0x24,0xEC,0x32,0x22,0x22,0x32,0x2E,0x23,0xA2,0x
60,0x00,
0x00,0x41,0x21,0x91,0x89,0x87,0x4D,0x55,0x25,0x25,0x55,0x4D,0x81,0x80,0x
80,0x00,
/*-- 文字：单 --*/
0x00,0x00,0xF8,0x49,0x4A,0x4C,0x48,0xF8,0x48,0x4C,0x4A,0x49,0xF8,0x00,0x
00,0x00,
0x10,0x10,0x13,0x12,0x12,0x12,0x12,0xFF,0x12,0x12,0x12,0x12,0x13,0x10,0x
10,0x00,
/*-- 文字：片 --*/
0x00,0x00,0x00,0xFE,0x20,0x20,0x20,0x20,0x20,0x3F,0x20,0x20,0x20,0x20,0x
00,0x00,
0x00,0x80,0x60,0x1F,0x02,0x02,0x02,0x02,0x02,0x02,0xFE,0x00,0x00,0x00,0x
00,0x00,
/*-- 文字：机 --*/
0x10,0x10,0xD0,0xFF,0x90,0x10,0x00,0xFE,0x02,0x02,0x02,0xFE,0x00,0x00,0x
00,0x00,
0x04,0x03,0x00,0xFF,0x00,0x83,0x60,0x1F,0x00,0x00,0x00,0x3F,0x40,0x40,0x
78,0x00
};
code uchar sz[][16]={
/*-- 文字：0 --*/
0x00,0xE0,0x10,0x08,0x08,0x10,0xE0,0x00,0x00,0x0F,0x10,0x20,0x20,0x10,0x
0F,0x00,
/*-- 文字：1 --*/
0x00,0x10,0x10,0xF8,0x00,0x00,0x00,0x00,0x00,0x20,0x20,0x3F,0x20,0x20,0x
00,0x00,
/*-- 文字：2 --*/
0x00,0x70,0x08,0x08,0x08,0x88,0x70,0x00,0x00,0x30,0x28,0x24,0x22,0x21,0x
30,0x00,
/*-- 文字：3 --*/
0x00,0x30,0x08,0x88,0x88,0x48,0x30,0x00,0x00,0x18,0x20,0x20,0x20,0x11,0x
```

```
0E,0x00,
    /*-- 文字: 4 --*/
    0x00,0x00,0xC0,0x20,0x10,0xF8,0x00,0x00,0x00,0x07,0x04,0x24,0x24,0x3F,0x
24,0x00,
    /*-- 文字: 5 --*/
    0x00,0xF8,0x08,0x88,0x88,0x08,0x08,0x00,0x00,0x19,0x21,0x20,0x20,0x11,0x
0E,0x00,
    /*-- 文字: 6 --*/
    0x00,0xE0,0x10,0x88,0x88,0x18,0x00,0x00,0x00,0x0F,0x11,0x20,0x20,0x11,0x
0E,0x00,
    /*-- 文字: 7 --*/
    0x00,0x38,0x08,0x08,0xC8,0x38,0x08,0x00,0x00,0x00,0x00,0x3F,0x00,0x00,0x
00,0x00,
    /*-- 文字: 8 --*/
    0x00,0x70,0x88,0x08,0x08,0x88,0x70,0x00,0x00,0x1C,0x22,0x21,0x21,0x22,0x
1C,0x00,
    /*-- 文字: 9 --*/
    0x00,0xE0,0x10,0x08,0x08,0x10,0xE0,0x00,0x00,0x00,0x31,0x22,0x22,0x11,0x
0F,0x00
    };
    void delay(uint i)
    {
        while(i--);
    }
    void checkBusy()                    //检查 LCD 是否忙
    {
        uchar dat;
        rs=0;                           //指令操作
        rw=1;                           //读出操作
        do
        {
            dPort=0xff;                 //P0 设置为输入
            e=1;                        //给使能信号
            dat=0x80&dPort; //只判断 DB7 位的状态
            e=0;
        }while(dat==0x80);              //忙则继续检测
    }

    void writeByte(uchar sz,uchar dat)  //写数据指令子函数
    {
        checkBusy();                    //只有 LCD 空闲时才能写入
        rs=sz;                          //指令或数据切换
        rw=0;                           //写入操作
        dPort=dat;                      //P0 口为数据总线
        e=1;                            //给使能信号
        delay(1);
        e=0;
    }
    void clearLCD(uchar b)              //清屏子函数
    {
        uchar i,j;
        writeByte(0,0x3f);              //开显示
        cs1=1;cs2=1;                    //开左半屏, 开右半屏
```

```
        for(i=0;i<8;i++)
        {
        writeByte(0,0xb8+i);                //设置页地址
            writeByte(0,0xc0);              //设置起始行
            writeByte(0,0x40);              //设置列地址
            for(j=0;j<64;j++)
            {
                writeByte(1,b);
            }
        }
}
void initLCD()                              //初始化
{
    rst=0;                                  //12864复位信号
    delay(50);
    rst=1;
    cs1=1;cs2=1;
    writeByte(0,0x3e);                      //关显示
    writeByte(0,0x3f);                      //开显示
    clearLCD(0x00);                         //清屏
}
/*显示一个汉字（16×16）子函数，参考：x为页地址,y为列地址,num为字模中汉字序号*/
void display0(uchar x,uchar y,uchar num)
{
    uchar i;
    writeByte(0,0xb8+x);                    //设置页地址
    writeByte(0,0x40+y);                    //设置列地址
    for(i=0;i<16;i++)
    {
        writeByte(1,hz[num][i]);
    }
    writeByte(0,0xb8+x+1);
    writeByte(0,0x40+y);
    for(i=0;i<16;i++)
    {
        writeByte(1,hz[num][i+16]);
    }
}
/*显示一个字符（16×8）子函数，参考：x为页地址,y为列地址,num为字模中字符序号*/
void display1(uchar x,uchar y,uchar num)
{
    uchar i;
    writeByte(0,0xb8+x);
    writeByte(0,0x40+y);
    for(i=0;i<8;i++)
    {
        writeByte(1,sz[num][i]);
    }
    writeByte(0,0xb8+x+1);
    writeByte(0,0x40+y);
    for(i=0;i<8;i++)
    {
        writeByte(1,sz[num][i+8]);
```

```
    }
}
void main()
{
    initLCD();
    cs1=1;cs2=0;                        //左半屏显示
    display0(0,0,0);                    //显示"我"
    display0(0,16,1);                   //显示"爱"
    display0(0,32,2);                   //显示"单"
    display0(0,48,3);                   //显示"片"
    cs1=0;cs2=1;                        //右半屏显示
    display0(0,0,4);                    //显示"机"
        while(1)
    {
        cs1=1;cs2=0;                    //左半屏显示
        display1(2,0,a/100);
        display1(2,8,a/10%10);
        display1(2,16,a%10);
        delay(50000);
        a++;
    }
}
```

项目基本知识

知识链接一　七段 LED 数码管接口电路

一、七段 LED 数码管简介

在单片机系统中，通常用 LED 数码管显示器来显示各种数字或符号。常用的 LED 数码显示器有七段 LED 显示器（数码管）和十六段 LED 显示器（米字管）等，如图 4-13 所示。数码管主要用于显示数码；米字管不但可以显示数码，也可显示丰富的字符和符号。

图 4-13　常用的 LED 数码显示器

Proteus 元件库中的几种数码管如图 4-14 所示。

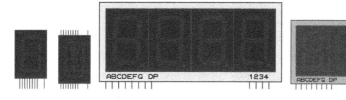

图 4-14　Proteus 元件库中的数码管

欲对数码管进行控制，首先要了解数码管的结构及工作原理。

七段 LED 显示器由 8 个发光二极管组成，其中 7 个长条形的发光管排列成"8"字形（对应 a、b、c、d、e、f、g 七个笔段），另一个圆点形的发光二极管在显示器的右下角作为显示小数点（对应 dp），通过点亮相应段可用来显示数字 0～9，字符 a～f、h、l、p、r、u、y，符号"−"及小数点"."等。

七段 LED 数码管的结构原理图如图 4-15 所示。根据内部发光二极管的连接方式，七段 LED 数码管可分为共阴极型和共阳极型两种。8 个发光二极管的阴极连在一起构成公共端 COM，称为共阴极型；8 个发光二极管的阳极连在一起构成公共端 COM，称为共阳极型。

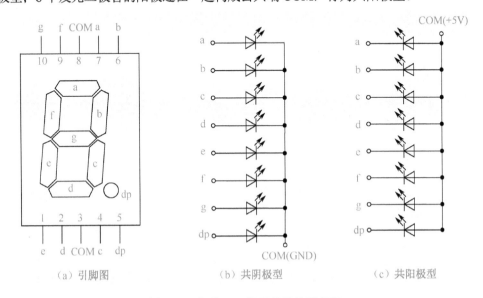

（a）引脚图　　　　　　　　　（b）共阴极型　　　　　　　　（c）共阳极型

图 4-15　七段 LED 数码管结构原理图

通常，共阴极数码管的 8 个发光二极管的公共端（公共阴极）接低电平，其他引脚接段驱动电路输出端，当某段驱动电路的输出端为高电平时，则该端所连接的笔段被点亮，根据发光笔段的不同组合可显示出各种数字或字符。

通常，共阳极数码管的 8 个发光二极管的公共端（公共阳极）接高电平，其他引脚接段驱动电路输出端。当某段驱动电路的输出端为低电平时，则该端所连接的笔段被点亮，根据发光笔段的不同组合可显示出各种数字或字符。

综上所述，控制 LED 数码管的显示，就是使与其相连的口线输出相应的高低电平。

二、数码管字形段码

共阴型和共阳型的 LED 数码管各笔画段名和安排位置是相同的，分别用 a、b、c、d、e、f、g 和 dp 表示，如图 4-15（a）所示。将单片机的一个 8 位并行 I/O 接口与七段 LED 数码管的引脚 a～g 端及 dp 端对应相连，并输出不同的 8 位二进制数，即可显示不同的数字或字符。控制 8 个发光二极管的 8 位二进制数称为段码。例如，对于共阳极型 LED 数码管，当公共阳极接高电平，单片机并行口输出二进制数 11000000（对应十六进制数 C0）时，显示数字"0"，则数字"0"的段码是 0xC0。依此类推，可求得数码管段码表，如表 4-2 所示。

表 4-2　七段 LED 数码管段码表

显示字符	字形	共　阳　极									共　阴　极								
		dp	g	f	e	d	c	b	a	段码	dp	g	f	e	d	c	b	a	段码
0	0	1	1	0	0	0	0	0	0	0xC0	0	0	1	1	1	1	1	1	0x3F
1	1	1	1	1	1	1	0	0	1	0xF9	0	0	0	0	0	1	1	0	0x06
2	2	1	0	1	0	0	1	0	0	0xA4	0	1	0	1	1	0	1	1	0x5B
3	3	1	0	1	1	0	0	0	0	0xB0	0	1	0	0	1	1	1	1	0x4F
4	4	1	0	0	1	1	0	0	1	0x99	0	1	1	0	0	1	1	0	0x66
5	5	1	0	0	1	0	0	1	0	0x92	0	1	1	0	1	1	0	1	0x6D
6	6	1	0	0	0	0	0	1	0	0x82	0	1	1	1	1	1	0	1	0x7D
7	7	1	1	1	1	1	0	0	0	0xF8	0	0	0	0	0	1	1	1	0x07
8	8	1	0	0	0	0	0	0	0	0x80	0	1	1	1	1	1	1	1	0x7F
9	9	1	0	0	1	0	0	0	0	0x90	0	1	1	0	1	1	1	1	0x6F
熄灭		1	1	1	1	1	1	1	1	0xFF	0	0	0	0	0	0	0	0	0x00

 小贴士

　　在单片机系统开发时，为了接线方便，有时不按 I/O 口的高低位与数码管各段的顺序接线，这时的段码就需要根据接线进行调整。

　　本书配套资料中有一个 LED 数码管编码器工具，可以方便地在任意接线时计算出共阴型或共阳型数码管的段码，其界面如图 4-16 所示。

图 4-16　LED 数码管编码器

三、数码管的静态显示方式

　　数码管的静态显示是指数码管显示某一数字或字符时，相应的发光二极管恒定导通或恒定截止。这种显示方式的各位数码管相互独立，公共端恒定接地（共阴极）或接正电源（共阳极）。每个数码管的 8 个笔段分别与一个 8 位 I/O 口相连，I/O 口只要有段码输出，相应字符即显示出来，并保持不变，直到 I/O 口输出新的段码，其示意图如图 4-17 所示。采用静态显示方式占用 CPU 时间少、编程简单、便于控制，但是每一个数码管都要占用一个并行 I/O 口，所以只适合于显示位数较少的场合。

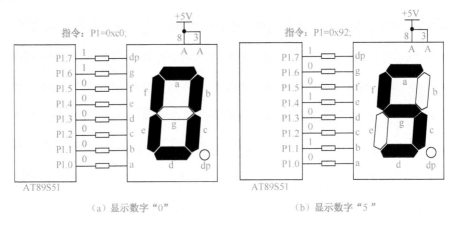

（a）显示数字"0"　　　（b）显示数字"5"

图 4-17　数码管静态显示方式示意图

四、数码管的动态扫描显示方式

当单片机系统中需要多个数码管显示时，如果采用静态显示方式，并行 I/O 接口的引脚数将不能满足需要，这时可采用动态扫描显示方式。

动态扫描显示是一位接一位地轮流点亮各位数码管。

动态扫描显示方式在接线上不同于静态显示方式，它是将所有七段 LED 数码管的 8 个显示笔段 a、b、c、d、e、f、g、dp 中相同的笔段连接在一起，称为段控端，每个数码管的公共端 COM 不再接固定高电平或低电平，而是由独立的 I/O 口线控制，称为位控端，2 位数码管动态扫描显示方式接线示意图如图 4-18 所示。

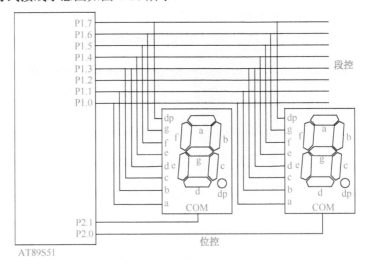

图 4-18　2 位数码管动态扫描显示方式接线示意图

动态扫描显示方式的显示过程：当 CPU 送出某个数字的段码时，所有的数码管都会接收到，但只有需要显示的数码管的位控端 COM 被选通，接收到有效电平时才被点亮，而没有被选通的数码管不会亮。这种通过分时轮流控制各个数码管的 COM 端送出相应段码，使各个数码管轮流受控、依次显示且循环往复的方式称为动态扫描显示。动态扫描显示示意图如图 4-19 所示。

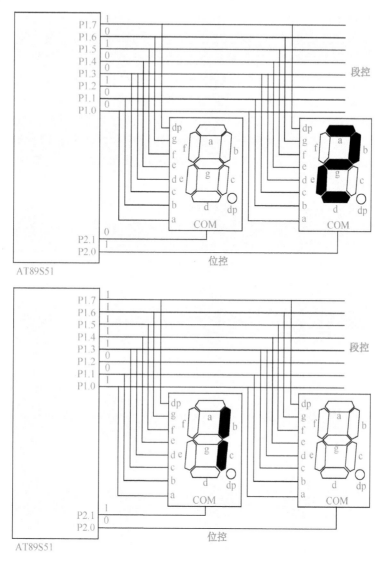

图 4-19　动态扫描显示示意图

在数码管轮流显示的过程中，每个数码管被点亮的时间均为 1ms 左右，虽然各位数码管并非同时被点亮，但由于人眼的视觉暂留效应，主观感觉各位数码管同时在显示。

为了使用方便，有专门生产的供动态扫描显示的多位数码管，这些数码管内部已经将相应的笔段连接在一起，引出一组段控脚，每一位数码管引出一个公共端。

知识链接二　键盘接口电路

键盘实际上就是一组按键，它是单片机最常用的输入设备。在单片机系统中，通常用到的是轻触式机械按键，按键被按下时闭合，松手后自动断开。

一、独立按键接口

键盘分为编码键盘和非编码键盘。键盘上闭合键的识别由专用的硬件编码器实现，并产生键编码或键值的键盘称为编码键盘，如计算机键盘。而靠软件编程来识别闭合键的键盘称为非编码键盘。一般单片机系统中用得较多的是非编码键盘，它具有结构简单，使用灵活等特点。非编码键盘又分为两类：一类是独立式按键，另一类是行列式键盘，又称矩阵式键盘。

并行 I/O 口作输入，将按键的一端接到单片机的一个并行 I/O 口线上，另一端接地，这种接法就是独立式按键，如图 4-20 所示。独立式按键的特点是每个按键独占一个 I/O 口线，每个按键工作时不会影响其他的 I/O 口线的状态，在所需按键不多的单片机控制系统中，一般使用独立式按键。识别闭合键的过程是：先给该口线赋高电平，然后不停地查询该口线的输入状态。当查询到的输入状态为高电平时，说明按键没有被按下；当查询到的输入状态为低电平时，说明按键被按下。

图 4-20 中的电阻为上拉电阻，当按键没有被按下时，把输入电平上拉为高电平。因为 MCS-51 单片机的 P0 口内部没有上拉电阻，作 I/O 口时必须外接上拉电阻，而 P1、P2、P3 口为准双向口，内部有上拉电阻，当按键接于这 3 个端口时，外部上拉电阻可以省略。

由于按键为机械开关结构，因此机械触点的弹性及电压突跳等原因，往往在触点闭合或断开的瞬间会出现电压抖动，如图 4-21 所示。

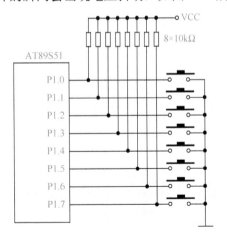

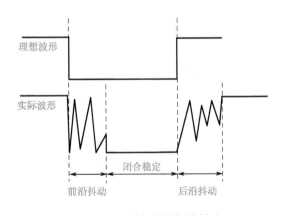

图 4-20　独立式按键接口电路　　　　　图 4-21　按键触点的机械抖动

为了保证键识别的准确，在电压信号抖动的情况下不能进行状态的输入，为此需进行去抖动处理（消抖）。去抖动有硬件和软件两种方法，硬件方法就是加消抖电路，从根本上避免抖动的产生，软件方法则采用时间延迟以避开抖动，待闭合稳定之后，再进行键识别及编程。一般情况下，延迟消抖的时间为 5～10ms。在单片机系统，为简单起见，均采用软件延迟消抖的方法。

按键稳定闭合时间的长短则是由操作人员的按键动作决定的，一般为零点几秒至数秒。为了保证无论按键持续时间长短，单片机对键的一次闭合仅作一次处理，必须等待按键释放后才能继续后面的程序。

综上所述，独立式按键编程时可以采用查询的方法来进行处理，即如果只有一个独立式按键，检测是否闭合，如果闭合，则去除键抖动后再执行按键功能代码，最后还要等待按键释放；如果有多个独立式按键，可依次逐个查询处理。以 P1.0 所接按键为例，其编程流程图如图 4-22 所示。

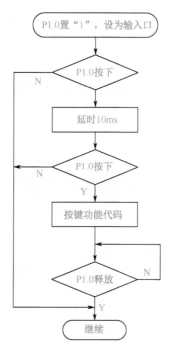

图 4-22　独立式按键编程流程图

在图 4-20 所示的独立式按键电路中，P1.0 所接按键的处理程序如下：

```
sbit key=P1^0;
key=1;                  //P1.0 置"1"，作输入口
if (key==0)             //判断按键是否被按下
{
    delay10ms();        //延时 10ms
    if (key==0)         //再次判断按键是否被按下
    {
        a++;            //按键功能代码（变量 a 加"1"操作）
        while(key==0);  //等待按键释放
    }
}
```

其他按键可依次逐个查询处理。

二、4×4 键盘接口

前面我们介绍了独立式按键，独立式按键的优点是电路简单，程序编写容易，但是每个按键需占用一个引脚，端口的资源消耗大，故此种键盘只适用于按键较少或操作速度较高的场合。当系统需要按键数量比较多时，可以使用行列式键盘。

1. 行列键盘的接口电路

行列键盘又称为矩阵键盘。行列键盘的接口电路如图 4-23 所示，用一些 I/O 口线组成行结构，用另一些 I/O 口线组成列结构，其交叉点处不接通，设置为按键，这种接法称为行列式键盘。利用这种行列结构只需 M 条行线和 N 条列线，就可组成具有 $M×N$ 的键盘，因此减

少了键盘与单片机接口时所占用 I/O 接口的数目。

同样，如果是接于 P0 口，必须要有上拉电阻，如果接于 P1、P2 或 P3 口，上拉电阻可以省略。

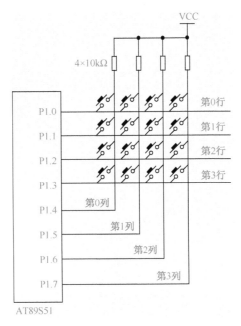

图 4-23　行列式键盘接口电路

2. 闭合键的识别

为了提高 CPU 的效率，对闭合键的识别一般分为两步：第一步是快速检查整个键盘中是否有键被按下，如果没有键被按下，则直接转到其他程序，如果有键被按下，再进行下一步；第二步是确定被按下的是哪个键。

第一步：快速检查整个键盘中是否有键被按下。其方法是先通过输出端口在所有的行线上发出全"0"信号，然后检查输入端口的列线信号是否为全"1"。若为全"1"，表示无键被按下，如图 4-24（a）所示；若不是全"1"，则表示有键被按下，如图 4-24（b）所示。这时还不能确定被按下的键处于哪一行上。

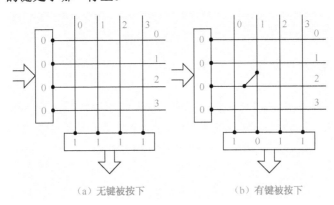

（a）无键被按下　　　　　　　　（b）有键被按下

图 4-24　检查是否有键按下示意图

第二步：确定被按下的是哪个键。识别闭合键有两种方法：一种称为逐行扫描法，另一种称为线反转法。

（1）逐行扫描法

逐行扫描法是识别闭合键的常用方法，在硬件电路上要求行线作输出、列线作输入，列线上要有上拉电阻。

4×4 键盘逐行扫描法的工作原理是：先扫描第 0 行，即输出 1110（第 0 行为 "0"，其余 3 行为 "1"），然后读入列信号，判断是否为全 "1"。若为全 "1"，表示第 0 行无键被按下；若不为全 "1"，则表示第 0 行有键被按下，闭合键的位置处于第 0 行和不为 "1" 的列线相交之处。如果第 0 行无键被按下，就扫描第 1 行，用同样的方法判断第 1 行有没有键被按下，直到找到闭合键为止，如图 4-25（a）～（d）所示。

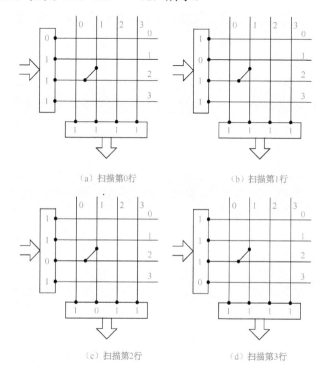

（a）扫描第0行　　　　　　　　　　（b）扫描第1行

（c）扫描第2行　　　　　　　　　　（d）扫描第3行

图 4-25　逐行扫描法示意图

行列式键盘的闭合键处理程序中，仍需要进行按键去抖和等待按键的释放。在图 4-23 所示的行列键盘接口电路中，采用逐行扫描法识别闭合键的程序如下：

```
P1=0xf0;
if (P1!=0xf0)              //判断是否有按键被按下
{
    delay();               //延时去抖
    if (P1!=0xf0)          //再次判断是否有按键被按下
    {
        P1=0xfe;           //扫描第 0 行
        switch (P1)
        {
            case 0xee:第 0 行第 0 个按键的功能代码;  break;
            case 0xde:第 0 行第 1 个按键的功能代码;  break;
            case 0xbe:第 0 行第 2 个按键的功能代码;  break;
```

```
        case 0x7e:第 0 行第 3 个按键的功能代码;    break;
    }
    P1=0xfd;                  //扫描第 1 行
    switch (P1)
    {
        case 0xed:第 1 行第 0 个按键的功能代码;    break;
        case 0xdd:第 1 行第 1 个按键的功能代码;    break;
        case 0xbd:第 1 行第 2 个按键的功能代码;    break;
        case 0x7d:第 1 行第 3 个按键的功能代码;    break;
    }
    P1=0xfb;                  //扫描第 2 行
    switch (P1)
    {
        case 0xeb:第 2 行第 0 个按键的功能代码;    break;
        case 0xdb:第 2 行第 1 个按键的功能代码;    break;
        case 0xbb:第 2 行第 2 个按键的功能代码;    break;
        case 0x7b:第 2 行第 3 个按键的功能代码;    break;
    }
    P1=0xf7;                  //扫描第 3 行
    switch (P1)
    {
        case 0xe7:第 3 行第 0 个按键的功能代码;    break;
        case 0xd7:第 3 行第 1 个按键的功能代码;    break;
        case 0xb7:第 3 行第 2 个按键的功能代码;    break;
        case 0x77:第 3 行第 3 个按键的功能代码;    break;
    }
    P1=0xf0;
    while (P1!=0xf0);
    }
}
```

（2）线反转法

线反转法也是识别闭合键的一种常用方法，该方法比行扫描法速度要快，但在硬件电路上要求行线与列线都要既能作输出又能作输入，行线和列线上都要有上拉电阻。

下面仍以 4×4 键盘为例说明线反转法的工作原理。

首先将行线作为输出线，列线作为输入线，先通过行线输出全"0"信号，读入列线的值，如果此时有某个键被按下，则必然使某一列线值为"0"；然后将行线和列线的输入输出关系互换（输入输出线反转），列线作输出线、行线作输入线，再通过列线输出全"0"信号，读入行线的值，那么闭合键所在的行线上的值必定为"0"。这样当 1 个键被按下时，必定读得一对唯一的行值和列值，根据这一对值即可确定闭合键。

线反转法示意图如图 4-26 所示。

在图 4-23 所示的行列键盘电路中，采用线反转法识别闭合键的程序如下：

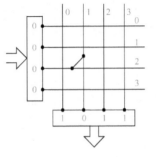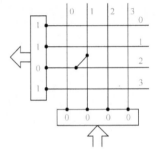

（a）行线输出全"0"得列值1101   （b）列线输出全"0"得行值1011

图 4-26　线反转法示意图

```
unsigned char temp;
temp=0xff;
P1=0xf0;
if (P1!=0xf0)                //判断是否有按键被按下
{
    delay();                 //延时去抖
    if (P1!=0xf0)            //再次判断是否有按键被按下
    {
        P1=0xf0;             //行作输出，列作输入
        temp=P1;             //读取列值
        P1=0x0f;             //列作输出，行作输入
        temp=temp|P1;    //读取行值并和列值合并
        switch (temp)
        {
            case 0xee:第 0 行第 0 个按键的功能代码;    break;
            case 0xde:第 0 行第 1 个按键的功能代码;    break;
            case 0xbe:第 0 行第 2 个按键的功能代码;    break;
            case 0x7e:第 0 行第 3 个按键的功能代码;    break;
            case 0xed:第 1 行第 0 个按键的功能代码;    break;
            case 0xdd:第 1 行第 1 个按键的功能代码;    break;
            case 0xbd:第 1 行第 2 个按键的功能代码;    break;
            case 0x7d:第 1 行第 3 个按键的功能代码;    break;
            case 0xeb:第 2 行第 0 个按键的功能代码;    break;
            case 0xdb:第 2 行第 1 个按键的功能代码;    break;
            case 0xbb:第 2 行第 2 个按键的功能代码;    break;
            case 0x7b:第 2 行第 3 个按键的功能代码;    break;
            case 0xe7:第 3 行第 0 个按键的功能代码;    break;
            case 0xd7:第 3 行第 1 个按键的功能代码;    break;
            case 0xb7:第 3 行第 2 个按键的功能代码;    break;
            case 0x77:第 3 行第 3 个按键的功能代码;    break;
        }
        P1=0xf0;
        while (P1!=0xf0);
    }
}
```

需要说明的是，用线反转法来确定闭合键时，如果遇到多个键闭合的情况，则得到的行值或列值中一定有 1 个以上的"0"。由于按键处理程序中没有这样的值，因而可以判断为重键而丢弃，由此可见，用这种方法可以很方便地解决重键问题。

知识链接三　LED 点阵显示模块接口电路

一、8×8 LED 点阵模块简介

一个 LED 显示屏往往是由若干个点阵显示模块拼成的，而一个点阵显示模块又是由 8×8

共 64 个发光二极管按照一定的连接方式组成的方阵，有的点阵中的每个发光二极管是由双色发光二极管组成的，即双色 LED 点阵模块，如图 4-27 所示。点阵在显示的时候是采用动态扫描显示方式。动态扫描显示是一列接一列（或一行接一行）地轮流点亮各个发光二极管，使各列（或各行）轮流受控、依次显示且循环往复的显示方式。

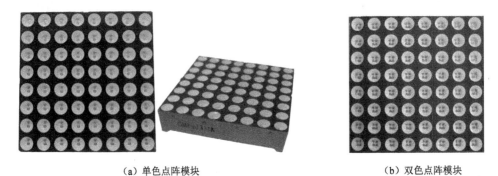

（a）单色点阵模块　　　　　　　　　　　　　　（b）双色点阵模块

图 4-27　8×8 LED 点阵显示模块

为了显示多个字符或方便改变所显示的字符，必须建立一个字模库。显示字符的字模可以通过字符取模软件来实现。

本项目的硬件电路是通过单片机的一个 I/O 口与点阵模块的各行相连，输出显示字符对应的字模数据，使用单片机的另一个 I/O 口与点阵模块的各列相连进行列选。软件编程实现字符的显示和滚动显示。

二、LED 点阵显示模块的结构

LED 点阵显示屏中的每个发光二极管即代表一个像素，发光二极管的个数越多，像素越高，显示的内容越丰富，例如 8×8 的点阵只能显示一些非常简单的符号，显示一个汉字至少需要 16×16 的点阵。如果点阵中的每个发光二极管是由双色发光二极管组成的，即可构成双色 LED 点阵显示屏。下面我们重点介绍单色 8×8 LED 点阵的结构及引脚。

1. 8×8 LED 点阵模块的分类及结构

一块 8×8 LED 点阵显示模块是由 64 只发光二极管按一定规律安装成方阵，将其内部各二极管引脚按一定规律连接成 8 根行线和 8 根列线，作为点阵模块的 16 根引脚，最后封装起来构成的。

按照点阵显示模块的内部连接的不同可分为共阳极和共阴极两种。图 4-28 所示为共阳极接法，每行由 8 个 LED 组成，它们的正极都连接在一起，共构成 8 根行线，每列也是由 8 个 LED 组成的，它们的负极都连接在一起，共构成 8 根列线，如果行线接高电平、列接低电平，则其对应的 LED 就会被点亮；图 4-29 所示为共阴极接法，每行由 8 个 LED 组成，它们的负极都连接在一起，共构成 8 根行线，每列也是由 8 个 LED 组成的，它们的正极都连接在一起，共构成 8 根列线，如果行线接低电平、列线接高电平，则其对应的 LED 就会被点亮。这里要注意：我们是站在行的角度上来看是共阴或是共阳的，有的地方是站在列的角度来看的，其共阴或共阳则正好相反。

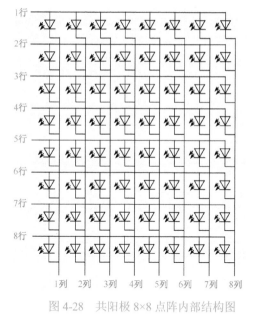

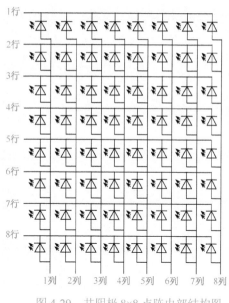

图 4-28　共阳极 8×8 点阵内部结构图　　　　图 4-29　共阴极 8×8 点阵内部结构图

2. 8×8 LED 点阵模块的引脚

在使用 LED 点阵显示模块时首先要了解它的引脚排列，一般它并不会如我们想象的那样按顺序排列，而是为了方便生产而排列的。

一般的8×8 LED点阵模块的引脚，无论是共阴型的还是共阳型的，其排列如图4-30所示。其中字母C表示列引脚，字母R表示行引脚。如第16脚为C8，是第8列引脚；第1脚为R4，是第4行引脚。

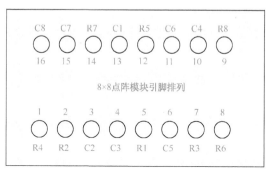

图 4-30　一般 8×8 LED 点阵模块的引脚图

实际应用中，LED 点阵模块有多种型号，引脚排列不尽相同，需要时可亲自测量或查阅相关资料。

三、LED 点阵显示模块的接口及编程

1. LED 点阵显示模块的接口电路

由上节可知，8×8 LED 点阵模块是由 8 列，每列 8 只发光二极管构成的，如果把每列看成是 1 位数码管，每列的 8 只发光二极管看成是 1 位数码管的 8 段，那么就可以把 8×8 LED 点阵看成是 8 位动态显示的数码管。因此，8×8 LED 点阵模块的接口及编程和 8 位动态扫描显示数码管非常相似。

　　8×8 LED 点阵模块在和单片机相连时，只要将 8 根行线接在一个 I/O 口上，8 根列线接在另一个 I/O 口上就可以了。但需要注意的是，单片机的并行 I/O 接口作高电平驱动时流出的电流很小，不足以点亮发光二极管，必须另加驱动电路（若是 P0 口还需加上拉电阻），而作低电平驱动时灌电流能够直接驱动发光二极管，可以不另加驱动电路。驱动电路可以是三极管或任何 TTL 逻辑电路。由三极管驱动的点阵模块接口电路如图 4-31 所示，由单向总线驱动电路 74LS244 驱动的点阵模块接口电路如图 4-32 所示。

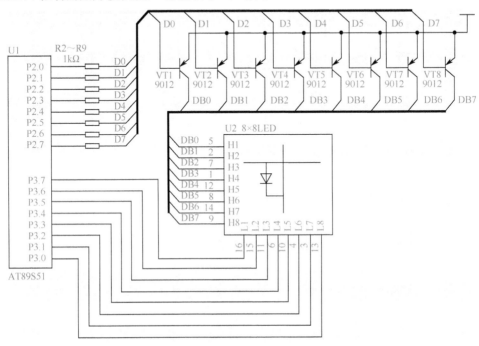

图 4-31　三极管作驱动的点阵模块接口电路

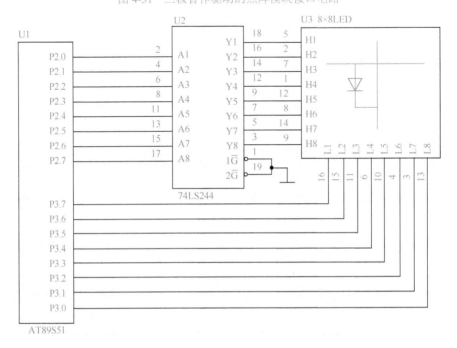

图 4-32　单向总线驱动电路 74LS244 驱动的点阵模块接口电路

2．LED 点阵显示模块的程序设计

若要显示一个图形或字符，仍采用动态扫描的方式，可以逐列扫描或逐行扫描，即一列一列（或一行一行）将要显示的点阵信息显示出来。例如，逐列显示一个数字"2"的方法如图 4-33 所示。首先在纸上画出 8×8 共 64 个圆圈，然后将需要显示的笔画处的圆圈涂黑，最后再逐列确定其所对应的十六进制数。比如左起第二列的亮灭为（由高位到低位，亮电平亮，低电平灭）：亮亮灭灭灭亮亮灭，其对应的二进制数为 11000110B，对应的十六进制数为 0xc6H。因此按列显示，应加在行上的字模码为：0x00,0xc6,0xa1,0x91,0x89,0x89,0x86,0x00 共 8 个字节。

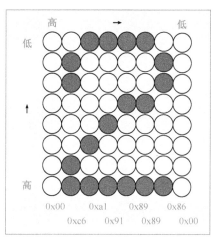

图 4-33　确定字模码的方法

在实际应用中并不这么麻烦，我们可以从网上下载一个字模生成软件，只要设置好取模方式，然后输入要显示的字符，单击"生成字模"按钮就可以输出字模码并自动生成一个字模码数组，如图 4-34 所示。

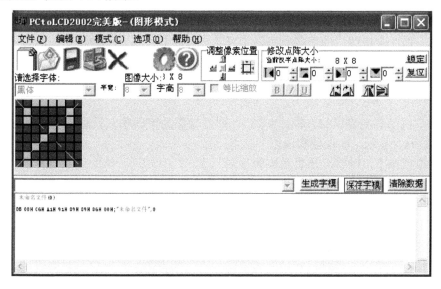

图 4-34　字模生成软件

程序设计流程图如图 4-35 所示。

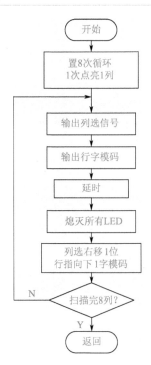

图 4-35　点阵显示程序设计流程图

 项目综合训练

综合训练　4×4 键盘设计电子密码锁

电子密码锁是一种通过密码输入来控制电路或芯片工作，从而控制机械开关的闭合，完成开锁、闭锁任务的电子产品。它的种类很多，有简易的电路产品，也有基于芯片的性价比较高的产品。现在应用较广的电子密码锁是以芯片为核心，通过编程来实现的。

一、实例分析

使用单片机控制电磁锁的开锁，4×3 行列键盘作为密码输入设备，各键设置如图 4-36 所示，6 位数码管显示，编程要实现以下功能：

（1）复位或按下清除键，所有数码管显示 "-"。

（2）当按下 0～9 中的一个数字键时，采用电话拨号键盘的方式显示，即数码管最右 1 位显示按下的数字，再次按下一个数字键时，上次按下的数字左移 1 位，在数码管右起第 2 位显示，最右 1 位显示按下的数字，依此类推，示意图如图 4-37 所示。当输完 6 位数字后，不再响应输入的数字键。

（3）当按下"确定"键时，对输入的密码与设定的密码进行比较，若密码正确，则控制继电器吸合开锁，所有数码管显示 "-"；若密码错误，继电器无动作，数码管显示 "Err---"，提示输入密码错误。

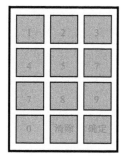

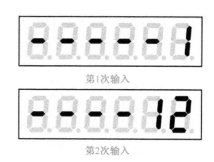

图 4-36　电子密码锁按键功能　　　　图 4-37　显示输入密码示意图

二、仿真电路图

　　电路主要包括四个部分：单片机控制系统、6 位数码管显示电路、用于输入操作的行列键盘以及控制电磁锁开关的继电器电路。电子密码锁电路如图 4-38 所示。

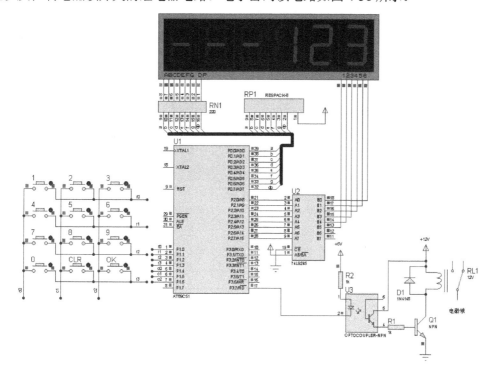

图 4-38　电子密码锁电路图

三、程序设计

　　电子密码锁的程序相对比较复杂，现对以下三个方面进行说明。

　　（1）**键盘扫描程序**

　　电子密码锁中共有 12 个按键，可以分为两大类，一类是数字键，另一类是功能键。因此可以采用带返回值的键盘扫描子函数返回键值，在键盘处理子函数中先判断是数字键还是功能键，如果是数字键，则 0～9 这 10 个数字键使用一段通用的程序，如果是功能键则逐一编写相应程序，这样可以使程序简化。

（2）按数字键时显示数字逐位左移的程序设计

如何实现按数字键时让数码管上显示的数字逐位左移呢？我们可以先定义一个含有 6 个元素的数组 pw[6]，用来存放输入的 6 位密码，每次按下数字键时均把该数字放入 pw[0]中，而 pw[0]送入 pw[1]中、pw[1]送入 pw[2]中、pw[2]送入 pw[3]中、pw[3]送入 pw[4]中、pw[4]送入 pw[5]中，显示程序显示 pw[0]~pw[5]中的数，程序如下：

```
if (keyNum<10)              //按下的是数字键
{
    count++;
    if (count<7)            //按键次数少于 7 次
    {
        pw[5]=pw[4];        //按下数字键后，将数字存入 pw[0]，而
        pw[4]=pw[3];        //将 pw[i]（i=0,1,2,3,4）中的数
        pw[3]=pw[2];        //依次送入 pw[i+1]中，实现数码管上显示
        pw[2]=pw[1];        //的数字逐个左移的效果
        pw[1]=pw[0];
        pw[0]=keyNum;
    }
}
```

（3）密码校验

密码校验程序相对简单，只要一个一个比较就可以了，程序如下：

```
if(pw[0]==6&&pw[1]==5&&pw[2]==4&&pw[3]==3&&pw[4]==2&&pw[5]==1)
    {
        jdq=0;          //继电器吸合，开锁
        delay(50000);
        jdq=1;
    }
```

电子密码锁程序设计流程图如图 4-39 所示。

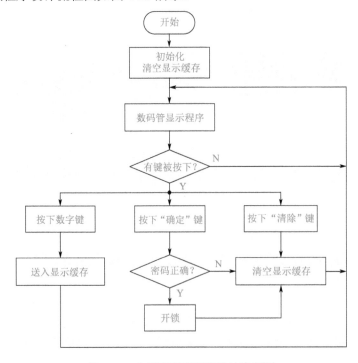

图 4-39　电子密码锁程序设计流程图

参考程序如下：

```c
#include<reg51.h>
#define uchar unsigned char
#define uint unsigned int
sbit lock=P3^7;            //电磁锁控制引脚
uchar count,buf[6],pw[6];
uchar                                                      code
tab[]={0xc0,0xf9,0xa4,0xb0,0x99,0x92,0x82,0xf8,0x80,0x90,0xbf,0x86,0xaf};
                           //0-9、-、E、r 的段码
delay(unsigned int j)
{
    while(j--);
}
display()                          //数码显示子函数
{
    unsigned char i,wk=0x01;
    buf[0]=tab[pw[0]];
    buf[1]=tab[pw[1]];
    buf[2]=tab[pw[2]];
    buf[3]=tab[pw[3]];
    buf[4]=tab[pw[4]];
    buf[5]=tab[pw[5]];
    for (i=0;i<=5;i++)
    {
        P2=wk;                     //熄灭所有数码管并使最低2位保持不变
        P0=buf[i];                 //依次输出段码
        delay(100);                //延时
        wk=wk<<1;                  //位控左移一位
        P0=0xff;                   //熄灭所有数码管
    }
}
uchar keypress()                   //按键处理子函数
{
    unsigned char temp,num;
    num=15;
    temp=0xff;
    P1=0xf0;
    if (P1!=0xf0)                  //判断是否有按键被按下
    {
        delay(300);                //延时去抖
        if (P1!=0xf0)              //再次判断是否有按键被按下
        {
            P1=0xf0;               //行作输出，列作输入
            temp=P1;               //读取列值
            P1=0x0f;               //列作输出，行作输入
            temp=temp|P1;          //读取行值并和列值合并
            switch (temp)
            {
                case 0xee:num=1;     break;
                case 0xde:num=2;     break;
                case 0xbe:num=3;     break;
                case 0xed:num=4;     break;
                case 0xdd:num=5;     break;
                case 0xbd:num=6;     break;
```

```
                case 0xeb:num=7;      break;
                case 0xdb:num=8;      break;
                case 0xbb:num=9;      break;
                case 0xe7:num=0;      break;
                case 0xd7:num=10;     break;
                case 0xb7:num=11;     break;
            }
            P1=0xf0;
            while (P1!=0xf0)display();
        }
    }
    return num;
}
button()
{
    uchar keyNum;
    keyNum=keypress();          //返回按键号,带返回值的函数的应用
    if (keyNum<10)              //按下的是数字键
    {
        count++;
        if (count<7)            //按键次数少于 6 次
        {
            if(count==1)        //按下第一个键时清缓存
            {
                pw[0]=pw[1]=pw[2]=pw[3]=pw[4]=pw[5]=10;
            }
            pw[5]=pw[4];        //按下数字键后,将数字存入 pw[0],而
            pw[4]=pw[3];        //将 pw[i](i=0、1、2、3、4)中的数
            pw[3]=pw[2];        //依次送入 pw[i+1]中,实现数码管上显示
            pw[2]=pw[1];        //的数字逐个左移的效果
            pw[1]=pw[0];
            pw[0]=keyNum;
        }
    }
    else
    {
        if (keyNum==10)         //按下的是"清除"键
        {
            pw[0]=pw[1]=pw[2]=pw[3]=pw[4]=pw[5]=10;         //清缓存
            count=0;
        }
        if (keyNum==11)         //按下的是"确定"键
        {
if(pw[0]==6&&pw[1]==5&&pw[2]==4&&pw[3]==3&&pw[4]==2&&pw[5]==1)
            {
                lock=0;         //电磁锁吸合,开锁
                delay(60000);
                lock=1;
                pw[0]=pw[1]=pw[2]=pw[3]=pw[4]=pw[5]=10;     //清缓存
            }
            else                //密码错误显示"Err"
            {
                pw[0]=pw[1]=pw[2]=10;
                pw[5]=11;       //"E"的段码
                pw[4]=12;       //"r"的段码
```

```
            pw[3]=12;          //"r"的段码
        }
        count=0;               //按键次数计数器清零
    }
}
}
int main()                     //主程序
{
    pw[0]=pw[1]=pw[2]=pw[3]=pw[4]=pw[5]=10;    //清缓存
    count=0;                   //按键次数计数器清零
    while(1)
    {
        display();
        button();
    }
}
```

小贴士

　　实际生活中的密码锁，在输入密码时为了不让别人看到输入的数字，常常用 "*" 显示，使用数码管时可以用 "_" 号代替 "*" 号，方法是在输入数字时给 buf[]数组赋 "_" 的段码，pw[]数字仍用以记录输入数字，但不再显示。密码锁还应具有密码易于更改、输入密码多次错误时启动报警系统等功能，读者可自行添加这些功能。另外，要想保存所设置的密码，需增加一片 EEPROM 存储器。

知识巩固与技能训练

　　1. 共阳极数码管和共阴极数码管在电路的连接上有什么不同？

　　2. 什么是 LED 数码管静态显示方式？什么是 LED 数码管动态扫描显示方式？简述动态扫描显示方式的工作原理和实现方法。

　　3. 什么是 "按键去抖"，在编写按键程序时通常是如何处理的？

　　4. 在行列式键盘中，是如何识别有无按键被按下的？简要说明逐行扫描法和线反转法识别按键的过程。

　　5. 设计制作一个球赛计分牌，使用 8 位数码管的低 3 位和高 3 位分别显示两个球队的得分，设计几个按键分别对两球队得分进行加减和清零操作。

　　6. 使用 4×4 键盘设计一个简易计算器，具有整数算术运算功能。

　　7. 在 16×16 点阵中，能否让文字上下滚动？试编写文字上下滚动的程序。

项目五
中断系统及外部中断的应用

知识目标

1. 理解中断的概念
2. 了解 MCS-51 单片机中断系统
3. 熟练掌握与中断相关的寄存器 TCON、IE、IP 各位的含义
4. 掌握使用中断的一般步骤

技能目标

1. 会使用与中断相关的寄存器 TCON、IE、IP
2. 会编写外部中断的初始化程序
3. 会编写外部中断服务程序
4. 完成项目要求的实例

技能应用　使用外部中断

中断系统是单片机中非常重要的组成部分，它是为了使单片机能够对外部或内部随机发生的事件实时处理而设置的。中断功能的存在，在很大程度上提高了单片机实时处理外部或内部事件的能力，也是单片机最重要的功能部件之一。

一、外部中断控制 LED

1. 技能要求

单片机外部中断 0 中断请求信号输入端（P3.2 第二功能）接按键 S1 模拟外部设备，每按一次按键 S1，就产生一次负跳变，模拟外部中断的中断请求信号。在单片机的 P1.0 接一只 LED 发光二极管，每产生一次外部中断，P1.0 取反一次，LED 便会由亮变灭或由灭变亮。

2. 仿真电路图

外部中断控制 LED 的电路原理图如图 5-1 所示。

需要注意的是，这个电路只能用于仿真，在实际电路中由于按键的抖动，会造成每按一次 S1，产生多次中断请求的现象。解决方法有两种：一是在响应中断进入中断服务子函数后，禁止外部中断，调用 10ms 延时程序，返回主程序前清除中断请求标志位；二是在按键和外部中断请求输入脚之间接一硬件去抖电路，如图 5-2 所示。

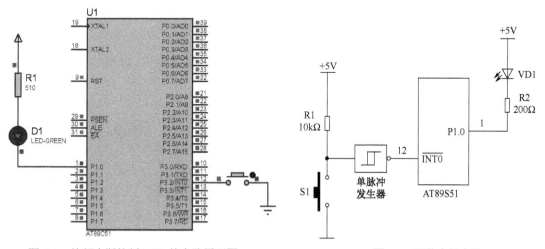

图 5-1　外部中断控制 LED 的电路原理图　　　　　图 5-2　硬件去抖电路

3. 程序设计与调试

分析：由于每按一次按键，产生一个脉冲作为中断请求信号，所以将 $\overline{INT0}$ 设置为脉冲触发方式，即 IT0=1；要让 CPU 响应中断，需开总中断和外部中断 0 的中断，即 EA=1，EX0=1；因为只有一个中断源，所以不用设置中断优先级。

参考程序如下：

```c
#include <reg51.h>
sbit led=P1^0;
int main()
{
    IT0=1;              //设置触发方式为脉冲方式
    EA=1;               //允许总中断
    EX0=1;              //允许外部中断 0 中断
    while(1)
    {

    }
}
void int0() interrupt 0      //外部中断 0 的中断号为 0
{
    led=!led;
}
```

在这个程序中，效果和独立按键一样，但在编程方法上一定要注意和独立按键的区别，并认真体会中断程序的编写步骤。请读者想一想，如果把按键接在外部中断 1 中断请求信号输入端时，程序该如何修改。

二、防盗报警器的设计

1. 技能要求

本实例采用断线式防盗报警电路，当触及报警器时，设在隐蔽处的断线报警电路断线，从而输出报警信号，该信号作为中断请求信号向 CPU 发出中断请求，CPU 响应中断后开启报警，LED 循环闪烁，同时发出警笛声。

2. 仿真电路图

单片机防盗报警器电路原理图如图 5-3 所示。其中 S2 为警戒线（电路中用开关代替），R9 为三极管 VT1 的基极提供偏置电压，在警戒状态下，基极偏置电压经警戒线 S2 对地短路，三极管 VT1 截止，集电极输出到单片机 INT1（P3.3）脚为高电平。如遇盗情，S2 被断开，三极管 VT1 基极得到正向偏置电压，饱和导通，集电极输出到单片机 INT1（P3.3）脚为负跳变，该信号作为中断请求信号向 CPU 发出中断请求，CPU 响应中断后启动报警，8 只 LED 模拟报警闪烁，同时扬声器 SP 发出急促的警笛声。报警器一旦开启，即使

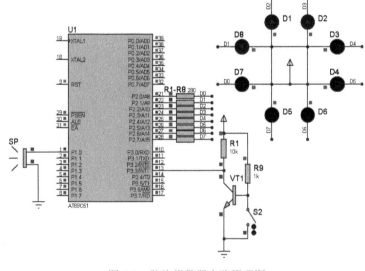

图 5-3　防盗报警器电路原理图

再将断线重新接通，也照报不误，只有断开电源或者设置复位键，才能解除报警，所以具有防破坏功能。

3. 程序与调试

程序设计主要包括两个部分，一是主程序，主要完成外部中断的初始化、自检、中断被触发后调用报警子函数等；二是中断服务程序，当有中断请求时将报警标志位置 1。主程序及中断服务程序流程图如图 5-4 所示。

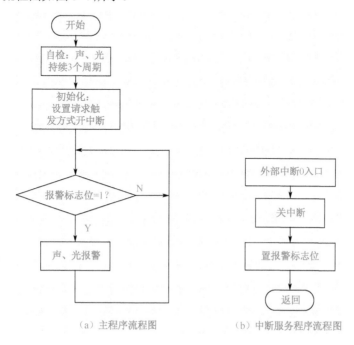

(a) 主程序流程图　　　　(b) 中断服务程序流程图

图 5-4　防盗报警器程序流程图

因为声音是由于振动产生的，只要在 P1.0 脚输出方波，就能使扬声器的纸盆不停地振动而发声，但要发出人耳能够听到的声音，则方波频率必须在 20Hz～20kHz（音频）之间，频率不同，音调则不同，警笛声的设计思路是：使音调由低逐渐到高，然后突变到低，一直循环，程序中使延时由长逐渐变短，然后突变到长，一直循环。

为保证报警器开机正常运行，需具有自检功能，即报警开启后发出声、光等信号，以让用户知道报警开启正常，随后报警器进入警戒状态。

根据流程图，编写参考程序如下：

```c
#include <reg51.h>
#include <intrins.h>          //MCS-51 系列单片机内部函数头文件
unsigned char a=200;
sbit sp=P1^0;
bit flag;
delay(unsigned char i)
{
    while(i--);
}
int main()
```

```
{
    unsigned int k=480;
    P2=0x00;
    while(k--)                      //开机自检，灯亮、警笛响两声
    {
        sp=!sp;
        delay(a);
        a--;
        if(a<10)
        {
            a=250;
            P2=_crol_(P2,1);
        }
    }
    P2=0xff;                        //灯灭，进入警戒状态
    flag=0;
    IT1=1;                          //将外部中断1设置为脉冲方式
    EA=1;                           //开中断
    EX1=1;
    while(1)
    {
        if(flag)
        {
            sp=!sp;
            delay(a);
            a--;
            if(a<10)
            {
                a=250;
                P2=_crol_(P2,1);
            }
        }
    }
}
void int0() interrupt 2             //外部中断1中断服务函数
{
    flag=1;                         //将报警标志位置1
    P2=0xf8;
}
```

三、使用外部中断对脉冲计数

1. 技能要求

单片机外部中断 0 中断请求信号输入端（P3.2 第二功能）接一个脉冲源，单片机对输入的脉冲个数进行计数，并在数码管上显示脉冲个数。

2. 仿真电路图

使用外部中断对脉冲计数的电路如图 5-5 所示，其中脉冲源使用激励源中的数字时钟源，设置频率为 10Hz。因为程序中的计数变量为 int 型的，最大计数脉冲为 65535，所以图中使用 6 个数码管，最高位始终显示 "0"。

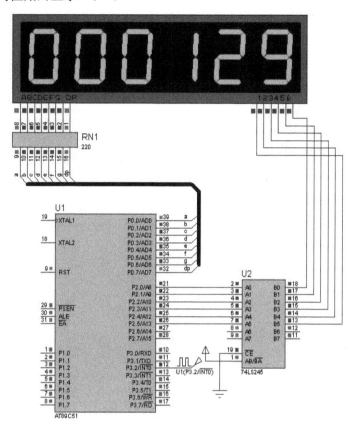

图 5-5　使用外部中断对脉冲计数的电路

3. 程序设计与调试

由于脉冲是由外部中断 0 中断请求信号输入端输入，程序采用中断的方式，每输入一个脉冲，便在引脚上产生一次负跳变，就会向 CPU 请求一次中断，每响应一次中断，使变量 a 加 1，即可实现对外部脉冲进行计数。

使用外部中断对脉冲计数参考程序如下：

```
#include <reg51.h>
unsigned char code seg[]={0xc0,0xf9,0xa4,0xb0,0x99,0x92,0x82,0xf8,0x80,0x90};
                        //0~9十个数字和共阳型段码
unsigned int a;
void delay()
{
    unsigned int j;
    for (j=0;j<50;j++);
}
display()
{
```

```
    unsigned char i,wk=0x01;       //wk 变量作位控, 初始选通左边第 1 位
    unsigned char buf[6];
    buf[0]=seg[a%10];
    buf[1]=seg[a/10%10];
    buf[2]=seg[a/100%10];
    buf[3]=seg[a/1000%10];
    buf[4]=seg[a/10000%10];
    buf[5]=0xc0;
    for (i=0;i<8;i++)
    {
        P2=wk;                     //输出位控
        P0=buf[i];                 //依次输出 1～8 的段码
        wk=wk<<1;                  //位控左移一位
        delay();                   //延时
        P0=0xff;                   //熄灭所有数码管(消隐)
    }
}
int main()
{
    IT0=1;                         //将外部中断 0 设置为脉冲方式
    EA=1;                          //开中断
    EX0=1;
    while(1)
    {
        display();
    }
}
void int0() interrupt 0
{
    a++;                           //每中断一次 a 加 1
}
```

项目基本知识

知识链接 MCS-51 单片机的中断系统

一、中断的概念

为了能让大家更容易理解中断的概念，我们先来看一个生活中的事例：你坐在书桌前看书，突然电话铃响了，你放下书，在书中夹了一个书签，然后去接电话，通话完毕后，你挂断电话，返回书桌前从书签处继续看书。在这个过程中其实就发生了一次中断，所以中断可以描述为：当你正在做某一事件时，发生了另一事件，要求你去处理，这时你就暂停当前事件，转去处理另一事件，处理完毕后，再回到原来事件被中断的地方继续原来的事件。

对于单片机来讲，中断是指 CPU 在处理某一事件 A 时，发生了另一事件 B，请求 CPU迅速去处理（中断请求）；CPU 接到中断请求后，暂停当前正在进行的工作（中断响应），转去处理事件 B（执行相应的中断程序），待 CPU 将事件 B 处理完毕后，再回到原来事件 A

被中断的地方继续处理事件 A（中断返回），这一过程称为中断。

我们将生活中的中断事例与单片机的中断过程对比如图 5-6 所示。

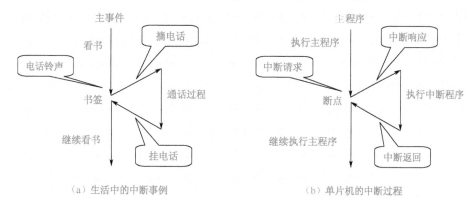

（a）生活中的中断事例　　　　　　　（b）单片机的中断过程

图 5-6　生活中的中断事例与单片机的中断过程对比

根据图 5-6，我们再对前面讲的生活事例与单片机中断过程对比分析，你的主事件是看书，电话铃响是一个中断请求信号；你所看到的书的当前位置相当于断点，你为了记住该位置，放了一个书签，称为保护断点；你走到电话旁摘电话即为中断响应；整个通话过程相当于执行中断程序；挂电话回到书桌前对应单片机的中断返回；继续看书对应单片机继续执行主程序。

需要注意的是，电话铃响是一个随机事件，你无法事先安排，它是通过铃声通过你的，只要一响你就可以立即暂停看书，去接电话，通话完毕后再回来接着看书。单片机在执行程序时，中断也随时有可能发生，它是通过中断请求信号通知 CPU 的，CPU 收到信号就可以立即暂停当前程序，转去执行中断程序，执行完毕后再返回刚才暂停处接着执行原来的程序。这里还有一个问题，就是当电话铃响时，你也可以选择不接听，单片机也是一样，只有我们通过编程开启了中断，CPU 才会响应中断，否则 CPU 是不会响应中断的。

综上所述，对和中断有关几个概念总结如下。

① 中断：CPU 正在执行当前程序的过程中，由于 CPU 之外的某种原因，暂停当前程序的执行，转而去执行相应的处理（中断服务）程序，待处理程序结束之后，再返回原程序断点处继续运行的过程称为中断。

② 中断系统：实现中断过程的软、硬件系统。

③ 中断源：可以引起中断事件的来源称为中断源。

④ 中断响应：CPU 收到中断请求信号后，暂停当前程序，转去执行中断程序的过程称为中断响应。

⑤ 断点：暂停当前程序时所在的位置称为断点。

⑥ 中断服务程序：中断响应后，转去对突发事件的处理程序称为中断服务程序。

⑦ 中断返回：执行完中断程序返回原程序的过程称为中断返回。

⑧ 中断优先级：当多个中断源同时申请中断时，为了使 CPU 能够按照用户的规定先处理最紧急的事件，然后再处理其他事件，就需要中断系统设置优先级机制。通过设置优先级，排在前面的中断源称为高级中断，排在后面的称为低级中断。设置优先级以后，若有多个中断源同时发出中断请求时，CPU 会优先响应优先级较高的中断源。如果优先级相同，则将按照它们的自然优先级顺序响应默认优先级较高的中断源。

⑨ 中断嵌套：当 CPU 响应某一中断源请求而进入该中断服务程序中处理时，若更高级别的中断源发出中断申请，则 CPU 暂停执行当前的中断服务程序，转去响应优先级更高的中断，等到更高级别的中断处理完毕后，再返回低级中断服务程序，继续原先的处理，这个过程称为中断嵌套。中断嵌套示意图如图 5-7 所示。中断系统中，高优先级中断能够打断低优先级中断以形成中断嵌套；反之，低级中断则不能打断高级中断，同级中断也不能相互打断。

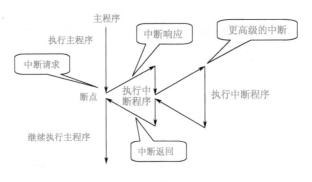

图 5-7　中断嵌套示意图

二、MCS-51 单片机的中断系统

MCS-51 单片机的中断系统的内部结构框图如图 5-8 所示。

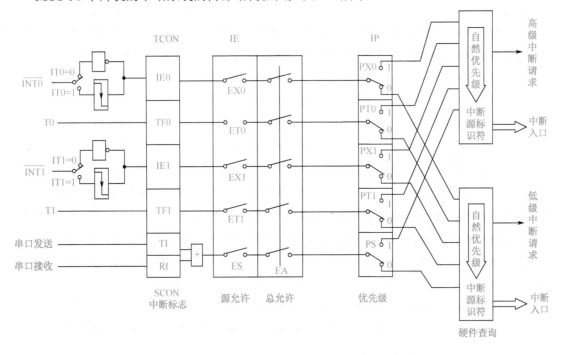

图 5-8　MCS-51 单片机的中断系统内部结构组成框图

由图 5-8 可知，MCS-51 单片机的中断系统有 5 个中断源，4 个用于中断控制的寄存器 TCON、SCON、IE、IP 来控制中断类型、中断的开关和各中断源的优先级确定。

1．中断源（5 个）

（1）外部中断 0：名称为 $\overline{INT0}$，中断请求信号由单片机的 P3.2（12 脚）口线引入，可通过编程设置为低电平触发或下降沿触发。

（2）外部中断 1：名称为 $\overline{INT1}$，中断请求信号由单片机的 P3.3（13 脚）口线引入，可通过编程设置为低电平触发或下降沿触发。

（3）定时/计数器 0 中断：名称为 T0，当 T0 计数器计满溢出时就会向 CPU 发出中断请求信号。

（4）定时/计数器 1 中断：名称为 T1，当 T1 计数器计满溢出时就会向 CPU 发出中断请求信号。

（5）串行口中断：MCS-51 单片机内部有 1 个全双工的串行通信接口，可以和外部设备进行串行通信，当串行口接收或发送完一帧数据后会向 CPU 发出中断请求。

 小贴士

52 子系列单片机有 6 个中断源，除了上述 5 个外，还有一个定时/计数器 2 中断，名称为 T2，当 T2 计数器计满溢出时就会向 CPU 发出中断请求信号。

2. 用于中断控制的寄存器（4 个）

（1）定时/计数器控制寄存器 TCON

定时/计数器控制寄存器 TCON 是一个可位寻址的 8 位特殊功能寄存器，即可以对其每一位单独进行操作。它不仅与两个定时/计数器的中断有关，还与两个外部中断源有关。它可以用来控制定时/计数器的启动与停止，标志定时/计数器是否计满溢出，还可以设定两个外部中断的触发方式、标志外部中断请求是否触发。因此，它又称为中断请求标志寄存器。单片机复位时，TCON 的全部位均被清 0。TCON 各位功能定义如表 5-1 所示。

表 5-1　定时/计数器控制寄存器 TCON 的各位功能定义

位　号	D7	D6	D5	D4	D3	D2	D1	D0
位 名 称	TF1	TR1	TF0	TR0	IE1	IT1	IE0	IT0

TCON 寄存器的各位功能介绍如下。

① IT0：外部中断 0（$\overline{INT0}$）的触发方式控制位。当 IT0=0 时，$\overline{INT0}$ 为电平触发方式，$\overline{INT0}$ 收到低电平时则认为是中断请求；当 IT0=1 时，$\overline{INT0}$ 为边沿触发方式，$\overline{INT0}$ 收到脉冲下降沿时则认为是中断请求。

② IE0：外部中断 0（$\overline{INT0}$）的中断请求标志位。当外部中断 0（$\overline{INT0}$）的触发请求有效时，硬件电路自动将该位置 1。换句话说，当 IE0=1 时，表示有外部中断 0 向 CPU 请求中断；当 IE0=0 时，则表示外部中断 0 没有向 CPU 请求中断。当 CPU 响应该中断后，由硬件自动将该位清 0，不需用专门的语句将该位清 0。

③ IT1：外部中断 1（$\overline{INT1}$）的触发方式控制位。当 IT1=0 时，$\overline{INT1}$ 为电平触发方式，$\overline{INT1}$ 收到低电平时则认为是中断请求；当 IT1=1 时，$\overline{INT1}$ 为边沿触发方式，$\overline{INT1}$ 收到脉冲下降沿时则认为是中断请求。

④ IE1：外部中断 1（$\overline{INT1}$）的中断请求标志位。当外部中断 1（$\overline{INT1}$）的触发请求有效时，硬件电路自动将该位置 1。当 CPU 响应该中断后，由硬件自动将该位清 0，无须用专门的语句将该位清 0。

⑤ TR0：定时/计数器 0（T0）的启动/停止控制位。当 TR0=1 时，T0 启动计数；当 TR0=0

时，T0 停止计数。

⑥ TF0：定时/计数器 0（T0）的溢出中断标志位。当定时/计数器 0 计满溢出时，由硬件自动将 TF0 置 1，表示向 CPU 发出中断请求，当 CPU 响应该中断进入中断服务程序后，由硬件自动将该位清 0，无须用专门的语句将该位清 0。

⑦ TR1：定时/计数器 1（T1）的启动/停止控制位。其功能及使用方法同 TR0。

⑧ TF1：定时/计数器 1（T1）的溢出中断标志位。其功能及使用方法同 TF0。

小贴士

标志位为是否有中断请求的标志。实际上中断请求的过程是，当有中断请求信号时，首先将其对应的标志置 1，而 CPU 只是通过查询中断标志位来判断是否有中断请求，它并不关心外部中断引脚上是否有中断请求信号或定时/计数器是否溢出。IE0、IE1、TF0、TF1 这 4 个中断标志位在有中断请求时，均由硬件自动将其置 1，一旦响应中断，均由硬件将其自动清 0，但是如果中断被屏蔽，使用软件查询方式去处理该位时，则需要通过指令将其清 0，如：IE0=0；TF1=0。

（2）串行口控制寄存器 SCON

串行口控制寄存器 SCON 中只有低 2 位与中断有关，用于锁存串行口的接收中断和发送中断标志。SCON 位功能定义如表 5-2 所示。

表 5-2　串行口控制寄存器 SCON 的位功能定义

位　号	D7	D6	D5	D4	D3	D2	D1	D0
位 名 称	—	—	—	—	—	—	TI	RI

① TI：串行口发送中断标志位。当串行口发送完一帧数据后，由硬件自动置位 TI。TI=1 表示串行口发送器正在向 CPU 请求中断。

② RI：串行口接收中断标志位。当串行口接收完一帧数据后，由硬件自动置位 RI。RI=1 表示串行口接收器正在向 CPU 请求中断。

小贴士

由于串行口中断有两个中断标志位 TI 和 RI，在中断服务程序中我们必须判断是由 TI 引起的中断还是由 RI 引起的中断，才能进行中断处理。尤其需要注意的是，当 CPU 响应串行中断后，并不知道是由 TI 引起的还是由 RI 引起的中断，所以不会自动对 TI 和 RI 清 0，必须由用户在中断服务程序中用指令将 TI 或 RI 清 0，如：TI=0；RI=0。

（3）中断允许寄存器 IE

在 MCS-51 单片机的中断系统中，中断的允许或禁止是在中断允许寄存器 IE 中设置的。IE 也是一个可位寻址的 8 位特殊功能寄存器，可以对其每一位单独进行操作，也可以对整个字节操作。单片机复位时，IE 全部被清 0。IE 各位功能定义如表 5-3 所示。

表 5-3　中断允许寄存器 IE 的各位功能定义

位　号	D7	D6	D5	D4	D3	D2	D1	D0
位 名 称	EA	—	—	ES	ET1	EX1	ET0	EX0

中断允许寄存器 IE 的各位功能定义如下。

① EA：全局中断允许控制位。当 EA=0 时，则所有中断均被禁止；当 EA=1 时，全局中断打开，在此条件下，由各个中断源的中断控制位确定相应的中断允许或禁止。换言之，EA就是各种中断源的总开关。

② EX0：外部中断 0（$\overline{INT0}$）的中断允许位。EX0=1，则允许外部中断 0 中断，EX0=0则禁止外部中断 0 中断。

③ ET0：定时/计数器 0 的中断允许位。ET0=1，则允许定时/计数器 0 中断，ET0=0 则禁止定时/计数器 0 中断。

④ EX1：外部中断 1（$\overline{INT1}$）的中断允许位。EX1=1，则允许外部中断 1 中断，EX1=0则禁止外部中断 1 中断。

⑤ ET1：定时/计数器 1 的中断允许位。ET1=1，则允许定时/计数器 1 中断，ET1=0 则禁止定时/计数器 1 中断。

⑥ ES：串行口中断允许位。ES＝1，则允许串行口中断，ES=0 则禁止串行口中断。

例如：如果我们要设置允许外部中断 0、定时/计数器 1 中断允许，其他中断不允许，则IE 寄存器各位取值如表 5-4 所示。

表 5-4　IE 寄存器的各位取值

位　号	D7	D6	D5	D4	D3	D2	D1	D0
位　名　称	EA	—	—	ES	ET1	EX1	ET0	EX0
取　值	1	0	0	0	1	0	0	1

即 IE=0x89。当然，我们也可以用位操作指令来实现：EA=1，EX0=1，ET1=1。

（4）中断优先级寄存器 IP

前面已讲到中断源优先级的概念。在 MCS-51 单片机的中断系统中，中断源按优先级分为两级中断：1 级中断即高级中断，0 级中断即低级中断。中断源的优先级需在中断优先级寄存器 IP 中设置。IP 也是一个可位寻址的 8 位特殊功能寄存器。单片机复位时，IP 全部被清 0，即所有中断源均为低级中断。IP 的各位功能定义如表 5-5 所示。

表 5-5　中断优先级寄存器 IP 的各位功能定义

位　号	D7	D6	D5	D4	D3	D2	D1	D0
位　名　称	—	—	—	PS	PT1	PX1	PT0	PX0

PX0、PT0、PX1、PT1、PS 分别为外部中断 0、定时/计数器 0 中断、外部中断 1、定时/计数器 1 中断、串行口中断的优先级控制位。当某位置 1 时，则相应的中断就是高级中断，否则就是低级中断。优先级相同的中断源同时提出中断请求时，CPU 会按照对 5 个中断源的标志位的查询顺序进行查询，排在前面的中断会被优先响应。CPU 对 5 个中断源的查询顺序是：外部中断 0→定时/计数器 0→外部中断 1→定时/计数器 1→串行中断。

3．中断的响应过程及中断功能的使用

（1）中断的响应过程

如果中断源有请求，CPU 开中断（开总中断和相应中断源的中断），且没有同级或高级中断正在服务，CPU 就会响应中断。

中断响应过程可以分为以下几个步骤。

① 保护断点。保护断点就是将下一条将要执行的指令的地址送入堆栈保存起来，在中断返回时再从堆栈中取出，以保证中断返回后找到断点并从断点处继续执行。保护断点是由硬件自动完成的，不需要编程者编写相应的程序。

② 清除中断标志位。内部硬件自动清除所响应的中断源的中断标志位。可自动清除的中断标志位有 IE0、IE1、TF0、TF1。

③ 寻找中断入口。中断响应后，CPU 会自动转去执行对应中断源的中断服务程序。那么 CPU 是怎么找到各中断源的中断程序的呢？原来 MCS-51 单片机的每个中断源都有固定的入口地址，一旦响应中断，CPU 自动跳转到相应中断源的入口地址处执行。我们的任务就是把中断程序存放在与中断源对应的入口地址处，如果没把中断程序放在那儿，中断程序就不能被执行到，因而会出错。MCS-51 单片机的中断服务程序入口地址及中断序号如表 5-6 所示。

表 5-6　MCS-51 单片机的中断服务程序入口地址及中断序号

中断源名称	中断服务程序入口地址	中 断 序 号
外部中断 0（$\overline{INT0}$）	0003H	0
定时/计数器 0 中断	000BH	1
外部中断 1（$\overline{INT1}$）	0013H	2
定时/计数器 1 中断	001BH	3
串行口中断	0023H	4

④ 执行中断处理程序。

⑤ 中断返回。当执行完中断服务程序后，就从中断服务程序返回到主程序断点处，继续执行主程序。

（2）中断功能的使用

中断功能的使用主要包括中断初始化和中断服务程序的编写两个方面。

中断初始化实质上就是对 4 个与中断有关的特殊功能寄存器 TCON、SCON、IE 和 IP 进行管理和控制，具体实施如下.

① 外部中断请求信号触发方式的设置（IT0、IT1 位）。

② 中断的允许和禁止（IE 寄存器）。

③ 中断源优先级别的设置（IP 寄存器）

中断初始化程序根据需要通常只需几条赋值语句即可完成。由于初始化程序往往只需要执行一次，通常是在主函数的开始处，while(1)死循环的前面。例如我们要使用的 $\overline{INT0}$ 和 $\overline{INT1}$ 这两个外部中断，均为脉冲触发方式，且 $\overline{INT1}$ 的中断优先于 $\overline{INT0}$ 的中断，程序如下：

```
int main()
{
    IT0=1;              //外部中断 0 设为脉冲触发方式
    IT1=1;              //外部中断 1 设为脉冲触发方式
    IE=0x85;            //开总中断、INT0 中断和 INT1 中断
    IP=0x04;            //设 INT1 中断为高优先级，其他均为低优先级
    while(1)
    {
                        //主程序代码

    }
}
```

中断服务程序是一种具有特定功能的独立程序段，往往写成一个独立函数，函数内容可根据中断源的要求进行编写。

C51 的中断服务程序（函数）的格式如下：

```
void  中断处理程序函数名( ) interrupt  中断序号  using 工作寄存器组编号
{
      中断处理程序内容
}
```

中断处理程序函数不会返回任何值，故其函数类型为 void，中断处理程序的函数名可以任意定义，只要符合 C51 中对标识符的规定即可；中断处理函数不带任何参数，所以中断函数名后面的括号内为空；interrupt 即"中断"的意思，是为区别于普通自定义函数而设的，中断序号是编译器识别不同中断源的唯一符号，它对应着汇编语言程序中的中断服务程序入口地址，因此在写中断函数时一定要把中断序号写准确，否则中断程序将得不到运行；函数头最后的"using 工作寄存器组编号"是指这个中断函数使用单片机 RAM 中 4 组工作寄存器中的哪一组，如果不加设定，C51 编译器在对程序编译时会自动分配工作寄存器组，因此通常可以省略不写。

三、使用外部中断的一般步骤

和外部中断相关的寄存器是 TCON、IE 和 IP，对外部中断的初始化就是对这三个寄存器赋值。初始化主要包括以下几步：

（1）外部中断请求信号触发方式的设置（对 TCON 寄存器的 IT0、IT1 位赋值）。

（2）中断的允许和禁止（对 IE 寄存器的 EA、EX0、EX1 位赋值）。

（3）中断源优先级别的设置（对 IP 寄存器的 PX0、PX1 位赋值）。

中断服务程序需要根据中断源的具体要求进行编写。

知识巩固与技能训练

1．什么是中断？中断的过程是什么？什么是中断嵌套？

2．MCS-51 单片机有几个中断源？各中断标志是如何产生的，又是如何清 0 的？

3．在外部中断中，有几种中断触发方式？如何选择中断源的触发方式？

4．简述使用外部中断的一般步骤。

5．用外部脉冲作为中断源，每输入一个脉冲，中断一次，使接在 P1 口的 8 只 LED 循环流动一次（流水灯的效果）。

6．按键模拟外部中断源，要求每按一次按键，4 位数码管显示的数字加 1。

定时/计数器系统及其应用

知识目标

1．掌握 MCS-51 单片机定时/计数器结构及工作原理
2．熟练掌握与定时/计数器相关的寄存器 TMOD、TCON 各位的含义
3．重点掌握定时/计数器的工作方式 1 和工作方式 2
4．掌握使用定时/计数器的一般步骤

技能目标

1．会使用与中断相关的寄存器 TMOD、TCON
2．掌握定时初值的计算方法
3．会编写定时/计数器的初始化程序
4．会编写定时/计数器的中断服务程序
5．完成项目要求的实例

技能应用一 电子计时器的设计

随着电子技术与单片机技术的发展，电子计时器的应用非常广泛，越来越多地取代传统的机械式计时器及设备。

一、产生 1kHz 方波信号

1. 技能要求

设晶振频率为 6MHz。利用单片机定时器 T0 的方式 1，在 P3.0 端口上输出周期为 1ms 的方波。

2. 仿真电路图

本实例仿真电路图如图 6-1 所示。P3.0 端口的示波器用于观察波形和计算信号频率。图中示波器的每小格为 0.1ms，因此信号周期为 1ms，频率为 1kHz。

在这个电路图中我们需要设置单片机的晶振频率，方法是：双击单片机 AT89C51 元件，弹出"编辑元件"对话框，如图 6-2 所示，将 Clock Frequency（时钟频率）的值修改为 6MHz。

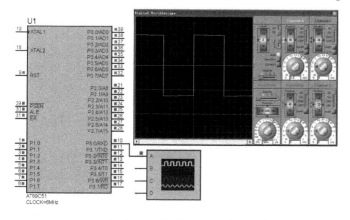

图 6-1 产生 1kHz 方波信号的电路

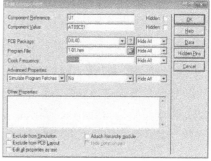

图 6-2 "编辑元件"对话框

3. 程序设计与调试

频率为 1kHz 的方波，其周期为 1/1kHz，即 1ms。要在 P3.0 端口上输出周期为 1ms 的方波，需要使 P3.0 端口每隔 0.5ms 取反一次。我们可以通过定时器作 0.5ms 定时，定时时间到，则向 CPU 申请中断，在中断服务程序中对 P3.0 取反。

（1）确定工作模式和工作方式

定时器 T0 采用工作方式 1 时：M1M0=01，$C/\overline{T}$=0，GATE=0，高 4 位未使用，全部赋 0，则 TMOD=0x01。

（2）计算 0.5ms 定时 T0 的初值。晶振频率为 6MHz，则机器周期为 2μs，设 T0 的初值为

X，则：

$$X=（2^{16}-500\div 2）=65036=FF06H$$

因此，TH0 的初值为 0xff，TL0 的初值为 0x06。

参考程序如下：

```
#include<reg51.h>
sbit out=P3^0;
int main(void)
{
    TMOD=0x01;
    TH0=0xff;
    TL0=0x06;
    EA=1;
    ET0=1;
    TR0=1;
    while(1);
}
void time_0()  interrupt 1
{
    TH0=0xff;
    TL0=0x06;
    out=!out;
}
```

程序中对定时器赋初值也可以写作：

```
TH0=（65536-250）/256        //初值的高 8 位
TL0=（65536-250）%256        //初值的低 8 位
```

二、秒闪电路的设计

1. 技能要求

所谓秒闪，即 1s 定时闪烁电路，就是让一个发光二极管每秒钟固定闪烁一次，实际上就是让发光二极管亮 500ms，然后再灭 500ms，如此循环。本实例设晶振为 12MHz，要求单片机 P1.0 脚接一只 LED，编写程序实现 LED 以 1Hz 的频率闪烁。

2. 仿真电路图

1s 定时闪烁电路原理图如图 6-3 所示。

3. 程序设计与调试

500ms 的定时可通过定时器/计数器 T0 的工作方式 1 来实现，但是定时器/计数器 T0 在工作方式 1 下最大定时时间只有 65.536ms，该怎么实现 500ms 的定时呢？

我们可以做一个 50 ms 的定时，即每 50 ms 中断一次，然后通过一个变量记录中断次数，每中断一次，让这个变量加 1，当这个变量等于 10 时，说明已经中断了 10 次，正好就是 500 ms，这时再对 P1.0 取反。

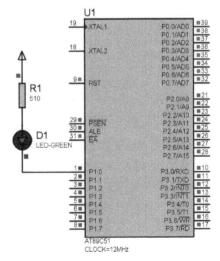

图 6-3 1s 定时闪烁电路原理图

本制作中使用定时器/计数器 T0，工作方式 1，定时时间取 50ms，通过定时中断 10 次来达到定时 500ms 的目的。

本项目中采用 12MHz 晶振，1 个机器周期为 1μs，定时 50ms 的计数初值为 15536。

1s 定时闪烁程序流程图如图 6-4 所示。

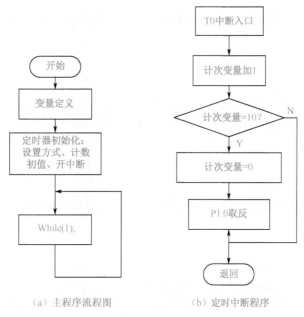

（a）主程序流程图　　　　（b）定时中断程序

图 6-4　1s 定时闪烁程序流程图

1s 定时闪烁电路的参考程序如下：

```
#include <reg51.h>              //MCS-51 系列单片机头文件
sbit led=P1^0;                  //定义 led 代表 P1.0，用于控制发光二极管的亮灭
unsigned char n=0;             //变量 n 用于统计中断的次数
void init( )                   //定时器/计数器的初始化函数
{
    TMOD=0x01;                 //使用 T0，方式 1，启动只受 TR0 控制，定时功能
    TH0=15536/256;             //给 T0 的高 8 位赋初值
    TL0=15536%256;             //给 T0 的低 8 位赋初值
    EA=1;                      //开总中断
    ET0=1;                     //打开定时器 0 中断
    TR0=1;                     //启动 T0 工作
}
int main( )                    //主函数
{
    init( );                   //定时器初始化
    while(1);                  //进入死循环
}
void timer_0( ) interrupt 1    //定时器 0 的中断处理函数，中断号为 1
{
    TH0=15536/256;             //重新赋计数初值
    TL0=15536%256;
    n++;                       //* 变量 n 用于统计定时中断的次数，每中断一次，
n 的值便增加 1 */
    if ( n==10 )               //如果 n 值为 10，说明 500ms 定时时间已到
    {
```

```
        n=0;                        //变量 n 的值重新被初始化
        led=!led;                   //发光二极管由亮变灭或由灭变亮
    }
}
```

下面分析一下这个程序：进入主函数后，首先是对定时器和中断有关的特殊功能寄存器初始化，即先对 TMOD 赋初值，以确实使用定时器 T0 的工作方式 1，并设定其启动仅受 TR0 的控制，工作在定时模式下；定时 50ms 的初始值我们在前面已分析过，应为 65536-50000=15536，将 15536 除 256 所得商赋给 T0 的高 8 位 TH0，将 15536 除 256 所得余数赋给 T0 的低 8 位 TL0，然后打开中断（包括开总中断和相应的中断源中断），启动定时器开始计数定时。初始化一旦完成，定时器便开始独立计数，不再占用 CPU 的时间，CPU 的工作和定时器的计数是同时进行的，互不影响。直到定时器计满溢出，表明定时时间 50ms 到，才向 CPU 发出中断申请，CPU 响应中断，暂停主函数的执行，转去执行中断处理函数 timer_0，重载 T0 的计数初始值，变量 n 加 1，并判断变量 n 的值是否已达到 10（定时 500ms 时间是否已到），若 n=10，说明 500ms 定时时间已到，将 n 的值重新初始化为 0，并将发光二极管的亮灭状态取反，从而实现发光二极管每秒钟闪烁 1 次。处理完毕后返回主函数断点处继续执行主函数（死循环）。

可能有的读者会有疑问：定时器初始化完成以后，主函数便进入死循环，处于动态停机状态，主函数不停地执行空循环操作，发光二极管怎么还会闪烁呢？中断处理函数又是何时被执行的呢？解释：一旦启动定时器，定时器便开始计数，而且不受 CPU 影响，不到计满溢出也不会影响 CPU 执行主函数，在定时器计数期间，CPU 在执行主函数中的反复循环（空操作），实际上也就是在等待定时器计满溢出。由于本例较为简单，所以在定时器计数时，CPU 并不需要执行什么操作，故主函数的内容在初始化后即进入死循环，等待定时时间的到来。其实，在复杂的应用中，在定时器计数的同时，当然可以为 CPU 安排一些程序执行。在本例中，一旦定时时间到，CPU 便暂停执行主函数中的死循环，转去执行中断处理函数。处理完毕后回到主函数断点处继续等待下一次中断的到来。

为了确保定时器的每次中断都是 50ms，我们需要在中断处理函数中每次都要为 TH0 和 TL0 重新加载计数初始值，否则，计数器计满溢出后将自动回零，下一次将从零开始计数定时，那么定时时间将不再是 50ms 了。由于每进入中断处理函数一次就需要 50ms 时间，在中断处理函数中要对变量 n 的值更新，并判断更新后的 n 值是否已达到 10，也就是判断时间是否已到了 500ms，若时间到则重新初始化变量 n 的值，并将发光二极管的亮灭状态取反。

 小贴士

一般情况下，我们在中断处理函数中不要写过多的处理语句，因为如果语句过多，执行的时间也就过长，如此就会出现这样的状况——本次中断处理函数中的代码还未执行完毕，而下一次中断又来临，这样就会出现中断丢失现象。当单片机循环多次执行中断处理程序时，这种丢失便会累积出现，程序便完全乱套。为了避免出现这种情况，我们一般遵循的原则是：能在主函数中完成的功能就不要在中断处理函数中写，若非要在中断处理函数中实现的功能，那么语句一定要简洁、高效，特别是在定时时间较短的场合下。这样一来，本任务的程序中对变量 n 的值的判断就可写在主函数中。具体修改方法为：可将主函数中的死循环 while（1）；改为如下的代码段：

```
while (1)
{
if ( n= =10 )
    {
        n=0;
        led=~led;
    }
}
```

而中断处理函数中则应去掉相应的判断语句即可。

三、带数显的交通指示灯的设计

1. 技能要求

制作带数码显示倒计时的交通灯控制系统，要求南北方向为主干道，通行车辆较多，绿灯时间为 40s，东西方向为支干道，通行车辆较少，绿灯时间为 30s。

2. 仿真电路

带数码显示倒计时的交通灯控制系统电路图如图 6-5 所示。上下为南北方向，左右为东西方向，两个方向各有一对红绿灯和两位数码管。

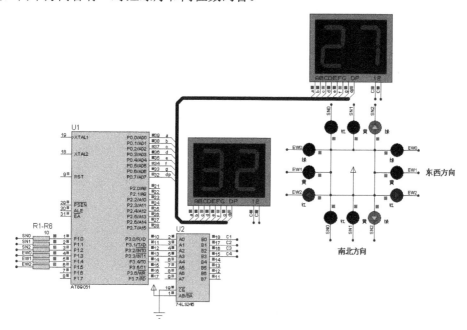

图 6-5　带数码显示的交通灯控制系统

3. 程序设计与调试

南北方向为主干道，东西方向为支干道，共有四种状态：状态一，南北方向绿灯亮，东西方向红灯亮，计时 40s；状态二，南北方向黄灯亮，东西方向红灯亮，计时 5s；状态三，南北方向红灯亮，东西方向绿灯亮，计时 30s；状态四，南北方向红灯亮，东西方向黄灯亮，计时 5s。循环重复上述过程，其状态如表 6-1 所示。

表 6-1　红绿灯工作状态表

控制状态	信号灯状态
S1	南北方向绿灯亮，东西方向红灯亮，计时 40s
S2	南北方向黄灯亮，东西方向红灯亮，计时 5s
S3	南北方向红灯亮，东西方向绿灯亮，计时 30s
S4	南北方向红灯亮，东西方向黄灯亮，计时 5s

由表 6-1 可知，红灯亮的时间总是等于绿灯加黄灯亮的时间。

为了编程方便，我们使用一个变量 4 个不同取值表示交通灯的四个状态，由一个状态进入另一个状态，只需要修改这个变量的值即可。

带数码显示的交通灯控制系统参考程序如下：

```c
#include <reg51.h>
#include <INTRINS.H>
unsigned char count;        //中断次数计数
unsigned char s;            //状态变量
unsigned char sn,ew;        //倒计时变量
unsigned char code seg[]={0xc0,0xf9,0xa4,0xb0,0x99,0x92,0x82,0xf8,0x80,0x90};
                           //0~9 十个数字和共阳型段码
sbit r1=P1^0;              //两个方向的红黄绿灯
sbit y1=P1^1;
sbit g1=P1^2;
sbit r2=P1^5;
sbit y2=P1^4;
sbit g2=P1^3;
void delay(unsigned int j)
{
    while(j--);
}
display()
{
    unsigned char i,wk=0x01;//wk 变量作位控，初始选通右边第 1 位
    unsigned char buf[4];   //声明数码管显示字形缓冲数组
    buf[0]=seg[sn%10];      //南北方向计时变量
    buf[1]=seg[sn/10%10];
    buf[2]=seg[ew%10];
    buf[3]=seg[ew/10%10];
    for (i=0;i<4;i++)
    {
        P3=wk;              //输出位控
        P0=buf[i];          //依次输出段码
        delay(50);          //延时
        wk=_crol_(wk,1);    //位控左移一位
        P0=0xff;            //熄灭所有数码管（消隐）
    }
}
int main()
{
    TMOD=0x01;
    TH0=0x3c;
    TL0=0xb0;
    EA=1;
```

```
        ET0=1;
        TR0=1;
        sn=40;
        ew=45;
        while(1)
        {
            display();
            switch(s)
            {
                case 0:                //状态一
                    r1=1;y1=1;g1=0;
                    r2=0;y2=1;g2=1;
                    if(sn==255)        //字符型数据 0 减 1 等 255
                    {
                        sn=4;
                        s=1;
                    }
                    break;
                case 1:                //状态二
                    r1=1;y1=0;g1=1;
                    r2=0;y2=1;g2=1;
                    if(sn==255)
                    {
                        sn=35;
                        ew=30;
                        s=2;
                    }
                    break;
                case 2:                //状态三
                    r1=0;y1=1;g1=1;
                    r2=1;y2=1;g2=0;
                    if(ew==255)
                    {
                        ew=4;
                        s=3;
                    }
                    break;
                case 3:                //状态四
                    r1=0;y1=1;g1=1;
                    r2=1;y2=0;g2=1;
                    if(ew==255)
                    {
                        sn=40;
                        ew=45;
                        s=0;
                    }
                    break;
            }
        }
}
void timer0() interrupt 1
{
    TH0=0x3c;
    TL0=0xb0;
    count++;
    if(count==20)                              //1s 定时
    {
```

```
        count=0;
        sn--;
        ew--;
    }
}
```

四、数字时钟的设计

1. 技能要求

数字时钟需要显示时、分、秒三个计时单位，每个计时单位有 2 位数字共需 6 个数码管，为了显示美观和读取时间方便，在时、分、秒之间显示分隔符"-"，共用 8 个数码管，显示格式如图 6-6 所示。另外，数字时钟还必须可以通过按键调整时间，为了调整方便，本任务使用行列键盘，各按键定义如图 6-7 所示。

图 6-6　数字时钟数码管显示格式

图 6-7　键盘按键定义示意图

2. 仿真电路图

数字时钟电路如图 6-8 所示。显示电路采用 8 位数码管动态扫描显示，最高 2 位显示时，中间 2 位显示分，最低 2 位显示秒，时、分、秒之间用"-"隔开。调整时间时，按下"设置"键，小时数开始闪烁，表示设置小时数，第一次输入数字键调整十位，第二次输入数字键调整个位，再次按下"设置"键，分钟数开始闪烁，第一次输入数字键调整十位，第二次输入数字键调整个位，再次按下"设置"键，退出调整，数码管不再闪烁。

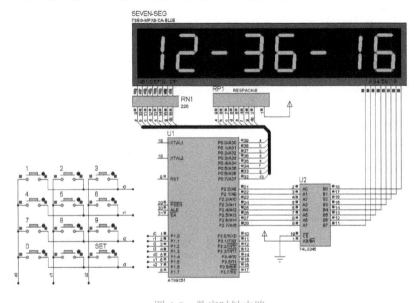

图 6-8　数字时钟电路

3. 程序设计与调试

程序的设计主要是利用单片机内部的定时/计数器产生 1s 的定时，每经过 1s 使秒数加 1，加到 60 后向分钟数进位，分钟数达到 60 后向小时数进位，小时数达到 24 后全部变为 0。数字时钟程序流程图如图 6-9 所示。

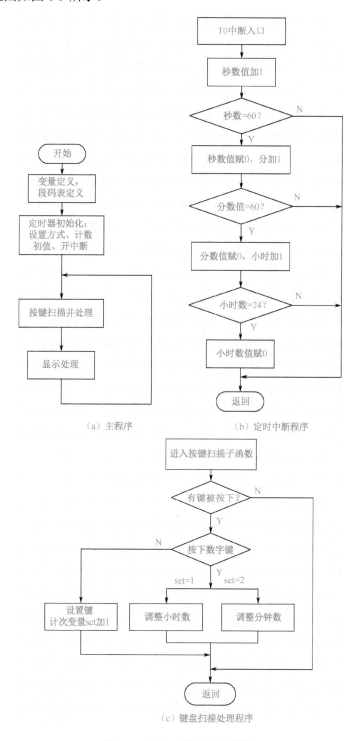

（a）主程序   （b）定时中断程序

（c）键盘扫描处理程序

图 6-9 数字时钟程序流程图

根据流程图，编写参考程序如下：

```
#include <reg51.h>
#include <intrins.h>
sbit key1=P1^6;
sbit key2=P1^7;
unsigned char count,count_f,sec,min,hour;
                            //count 和 count_f 对中断次数计数，count 控制秒
                            //count_f 控制数码管闪烁频率
unsigned char set;          //set 对设置键计次，实现 1 个键多个功能
bit flash_m,flash_h,ge_shi; //这 3 个位变量分别是分钟闪烁、小时闪烁和
                            //个位/十位调整切换的标志位
unsigned char code tab[]=
{
    0xc0,0xf9,0xa4,0xb0,0x99,0x92,0x82,0xf8,0x80,0x90
};
delay(unsigned int j)
{
    while(j--);
}
display( )                  //显示子函数
{
    unsigned char i,wk=0x01;
    unsigned char buf[8];
    buf[0]=tab[sec%10];
    buf[1]=tab[sec/10];
    buf[2]=0xbf;
    if (flash_m)            //分钟闪烁标志
    {
    buf[3]=0xff;
    buf[4]=0xff;
    }
    else
    {
    buf[3]=tab[min%10];
    buf[4]=tab[min/10];
    }
    buf[5]=0xbf;
    if (flash_h)            //小时闪烁标志
    {
    buf[6]=0xff;
    buf[7]=0xff;
    }
    else
    {
    buf[6]=tab[hour%10];
    buf[7]=tab[hour/10];
    }
    for (i=0;i<=7;i++)
    {
```

```
            P2=wk;
            P0=buf[i];
            delay(100);
            wk=_crol_(wk,1);
            P0=0xff;
    }
}
unsigned char keypress()            //按键识别子函数
{
    unsigned char temp,num;
    num=15;
    temp=0xff;
    P1=0xf0;
    if (P1!=0xf0)                   //判断是否有按键被按下
    {
        delay(1000);               //延时去抖
        if (P1!=0xf0)              //再次判断是否有按键被按下
        {
            P1=0xf0;               //行作输出，列作输入
            temp=P1;               //读取列值
            P1=0x0f;               //列作输出，行作输入
            temp=temp|P1;          //读取行值并和列值合并
            switch (temp)
            {
                case 0xee:num=1;    break;
                case 0xde:num=2;    break;
                case 0xbe:num=3;    break;
                case 0xed:num=4;    break;
                case 0xdd:num=5;    break;
                case 0xbd:num=6;    break;
                case 0xeb:num=7;    break;
                case 0xdb:num=8;    break;
                case 0xbb:num=9;    break;
                case 0xe7:num=0;    break;
                case 0xd7:num=10;   break;
                case 0xb7:num=11;   break;
            }
            P1=0xf0;
            while (P1!=0xf0)display();
        }
    }
    return num;
}
button()                            //按键处理子函数
{
    unsigned char keyNum;
    keyNum=keypress();              //返回按键号，带返回值的函数的应用
    if (keyNum<10)                  //按下的是数字键
    {
        if (set==1)                //小时数值调整
```

```
    {
        if (ge_shi)
        {
            hour=hour/10*10+keyNum;
            if (hour>23)
            {
                hour=23;
            }
            ge_shi=!ge_shi;
        }
        else
        {
            if(keyNum<3)
            {
                hour=keyNum*10+hour%10;
                ge_shi=!ge_shi;
            }
        }
    }
    if (set==2)                     //分钟数值调整
    {
        if (ge_shi)
        {
            min=min/10*10+keyNum;
            ge_shi=!ge_shi;
        }
        else
        {
            if (keyNum<6)
            {
            min=keyNum*10+min%10;
            ge_shi=!ge_shi;
            }
        }
    }

}
if (keyNum==11)                 //按下的是设置键
{
    set=(set+1)%3;              //每次加1实现1个键具备多个功能
    flash_m=0;                 //保证分钟不闪烁时是亮着的
    flash_h=0;                 //保证小时不闪烁时是亮着的
    ge_shi=0;                  //保证每次都是先调整十位再调整个位
}
}

void init( )                    //初始化函数
{
    TMOD=0x01;
    TH0=0x3c;
```

```
        TL0=0xb0;
        EA=1;
        ET0=1;
        TR0=1;
    }
    int main( )                         //主函数
    {
        init( );
        while(1)
        {
            display( );
            button( );
        }
    }
    void timer_0( ) interrupt 1     //定时器 0 中断函数
    {
        TH0=0x3c;
        TL0=0xb0;
        count++;
        if (count==20)                  //1s 定时时间到
        {
            count=0;
            sec++;
            if ( sec==60 )
            {
                sec=0;
                min++;
                if (min==60)
                {
                    min=0;
                    hour++;
                    if (hour==24)
                    {
                        hour=0;
                    }
                }
            }
        }
        count_f++;
        if (count_f==4)                 //控制数码管闪烁快慢
        {
            count_f=0;
            switch (set)
            {
                case 1:flash_h=!flash_h;        break;
                case 2:flash_m=!flash_m;    break;
            }
        }
    }
```

本程序实现了数字时钟的基本功能，在此基础上可以为程序添加更多功能，如定闹功能、秒表功能等，感兴趣的读者可以进一步完善。

在这个程序中用到了两个技巧，一个是让 1 个键具备多个功能，另一个是标志位的使用，分别说明如下。

（1）一键多能：就是让一个按键具备多个功能，这好像是手机或其他电子设备中的菜单键，每按一次都有不同的定义。要实现这种功能，其实很简单，可以先定义一个变量，每按一次按键，就让这个变量加 1，然后根据这个变量的取值不同进行不同的操作。如本例中，使用变量 set，每按一次设置键，set 加 1。当 set=0 时，数字时钟正常走时，所有数字键无效；当 set=1 时，小时数开始闪烁，这时按数字键调整的是小时数值；当 set=2 时，分钟数开始闪烁，这时按数字键调整的是分钟数值。

（2）标志位的使用：本例中使用了 flash_h、flash_m 和 ge_shi 共 3 个位变量作标志位。其中 flash_h 作为小时数亮/灭的标志，flash_h=0，小时数亮；flash_h=1，小时数灭，只要对 flash_h 不停取反，显示小时的数码管就会不停地闪烁。同理，flash_m 作为分钟数亮/灭的标志；ge_shi 作为调整小时或分钟的个位/十位的标志，ge_shi=0，数字键调整的是十位，ge_shi=1，数字键调整的是个位。

技能应用二　定时器控制扬声器演奏音乐

一、音调和节拍

在项目二中我们已经学习了扬声器的接口电路，并通过延时程序完成叮咚门铃的设计制作。为了使单片机产生的方波精确且易于控制，下面我们使用定时/计数器来产生所需频率的方波。

在音乐中有两个非常重要的参数：音调和节拍。

1. 音调

声音频率的高低叫音调。音符 1（DO）、2（RE）、3（MI）、4（FA）、5（SO）、6（LA）、7（SI）具有不同的音调。

要让单片机发出不同的音符，只要让它发出不同频率的方波信号就可以了。一般采用单片机的定时器中断的方法来产生不同频率的方波信号。

例如，要产生中音 1（DO），我们查得它的频率是 523Hz。下面我们以 12MHz 晶振为例，来说明怎样让单片机发出中音 1（DO）。

DO 的频率 f=523Hz，其对应的周期为

$$T=1/f=1/523=1912\mu s$$

因此，需要单片机 I/O 口线输出周期为 1912μs 的方波信号。因为每个周期包括半个周期的高电平和半个周期的低电平，这时只要定时器每隔半个周期（即 1912÷2=956μs）中断一次让对应的 I/O 口置反，就可以在相应的 I/O 口线上产生 523Hz 的方波，如果在该口线上接一个扬声器，该扬声器就发出中音 1（DO）。

对于 12MHz 的晶振，时钟周期是 1μs，方式 1 时作 956μs 定时的定时器初值为

$$定时初值 = 65536-956 = 64580$$

按照同样方法可以求出其他音调在 12MHz 晶振下的定时器初值，如表 6-2 所示。

表 6-2 音符对应定时器初值表

低 音	频率/Hz	定 时 初 值	中 音	频率/Hz	定 时 初 值	高 音	频率/Hz	定 时 初 值
1	262	63628	1	523	64580	1	1046	65058
2	293	63830	2	578	64671	2	1175	65110
3	329	64016	3	659	64777	3	1318	65157
4	349	64103	4	698	64820	4	1397	65178
5	392	64260	5	784	64898	5	1568	65217
6	440	64400	6	880	64968	6	1760	65252
7	494	64524	7	988	65030	7	1976	65283

2. 节拍

节拍是衡量节奏的单位，在音乐中，有一定强弱分别的一系列拍子在每隔一定时间重复出现，如 2/4、4/4、3/4 拍等。在一首乐曲中，每个音符演奏的时间不尽相同，比如，5 为一拍，5 为半拍，5 为 1/4 拍，5-为 2 拍。在乐理中，一拍的时间是个相对值，如果规定一拍的时间为 400ms，则 1/4 拍为 100ms。

二、用定时器设计的叮咚门铃

1. 技能要求

用单片机内部的定时/计数器设计一个叮咚门铃，当按下按键时，扬声器发出"叮咚"声。

2. 仿真电路图

用定时器设计的叮咚门铃电路如图 6-10 所示。示波器用来观察 P3.0 口线的输出波形。

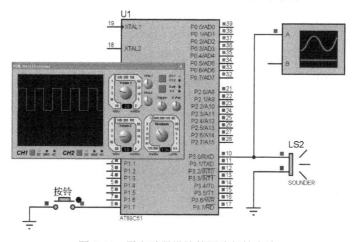

图 6-10 用定时器设计的叮咚门铃电路

3. 程序设计与调试

项目二中我们已经使用延时程序设计制作了叮咚门铃，叮咚门铃实际上是两个单音频声音的组合，先发出音频较高的声音，再发出音频较低的声音。本实例中先使用定时器在 P3.0

口线输出约 714Hz 的方波，然后再输出 500Hz 的方波，使扬声器发出"叮咚"的声音。

用定时器设计的叮咚门铃参考程序如下：

```c
#include <reg51.h>
sbit k1 = P1^7;
sbit sp = P3^0;                 //扬声器
unsigned int a=0;
delay(unsigned int i)
{
    while(i--);
}


int main()
{
    IE=0x82;                    //开中断
    TMOD=0x00;
    TH0=(8192-700)/32;
    TL0=(8192-700)%32;
    while(1)
    {
        k1=1;                   //作输入时须先写 1
        if(k1==0)
        {
            delay(1000);
            if(k1==0)
            {
                TR0=1;
                while(k1==0);
            }
        }
    }
}
void Timer0() interrupt 1
{
    sp=!sp;
    a++;
    if(a<500)
    {
        TH0=(8192-700)/32;      //先高音，约 714Hz
        TL0=(8192-700)%32;
    }
    else if(a<1200)
    {
        TH0=(8192-1000)/32;     //后低音，500Hz
        TL0=(8192-1000)%32;
    }
    else
    {
        TR0=0;
        a=0;
    }
}
```

三、电子音乐盒的设计

1. 技能要求

用单片机定时/计数器设计一个电子音乐盒，程序存储器中存放多首乐曲，当按下按键时，可以切换乐曲，同时数码管显示乐曲编号。

2. 仿真电路图

电子音乐盒电路如图 6-11 所示。

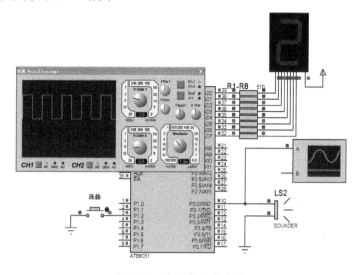

图 6-11　电子音乐盒电路

3. 程序设计与调试

通过音调和节拍的学习，我们知道，改变定时器初值及延时时间就可以演奏出不同的音符和各种长度的节拍。

本实例中，我们建立一个数组用于存放从低音 4（FA）到高音 5（SO）共 16 个音符所对应的定时器初值，而每个音符对应的节拍时间采用带参数的延时子函数实现，子函数的参数值对应不同的节拍时间。为了使程序具有通用性和便于修改，将每首乐谱的音符和节拍按照约定的规则进行编码，也存放在一个数组中，这样单片机就可以在程序的控制下，依次从数组中取出编码值，将音符逐个演奏出来。

程序设计时首先要解决的是乐曲以什么样的格式存入程序存储器。为了简便和易于修改，采用定时器来产生不同的音调，建立一个数组（音符表）存放所有音符所对应的定时器初值，节拍时间采用带参数的延时子函数来实现。再针对每首乐曲建立一个数组，数组中的每两个数为一组代表一个音符，第 1 个数表示音调，相对于音符表的下标，第 2 个数表示节拍时间，相对于延时子函数的参数。比如对于如下乐曲：

$$\underset{祝}{\dot5}\ \underset{你}{\dot5}\ \underset{生}{6}\ \underset{日}{\dot5}\ \underset{快}{\dot1}\ \underset{乐}{7\text{-}}$$

可以表示如下：

1,2, 1,2, 2,4, 1,4, 4,4, 3,8,

其中"1,2"中的 1 表示音符表中下标为 1 的数组元素 64260，即低音 5（SO）的定时初值，2 表示 2 个 1/4 拍。

这时我们只需从乐曲表中依次取数演奏就可以了。每首乐曲以 0xff 为结束标志。

电子音乐盒程序流程图如图 6-12 所示。

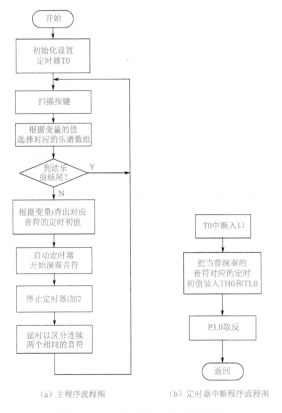

（a）主程序流程图　　　　（b）定时器中断程序流程图

图 6-12　电子音乐盒程序流程图

电子音乐盒的参考程序如下：

```
#include<reg51.h>
sbit spk=P3^0;                          //接扬声器
sbit key=P1^2;                          //接按键
unsigned char i,index;
unsigned char m_tone,m_time;
unsigned char code seg[]=               //共阳型数码管段码表
{
    0xC0,0xF9,0xA4,0xB0,0x99,0x92,0x82,0xF8,0x80,0x90
};
unsigned int code Tone[]=               //音符表，从低音4到高音5
{
    64103,64260,64400,64524,64580,64671,64777,64820,64898,64968,
    65030,65058,65110,65157,65178,65217
};
unsigned char code music1[]=            //铃儿响叮当
{
    6,2,6,2,6,4,6,2,6,2,6,4,               // 3 3 3 | 3 3 3 |
    6,2,8,2,4,3,5,1,6,8,                   // 3 5 1.2 | 3 - |
    7,2,7,2,7,3,7,1,7,2,6,2,6,2,6,1,6,1,
    6,2,5,2,5,2,4,2,5,4,8,4,
```

```
        6,2,6,2,6,4,6,2,6,2,6,4,
        6,2,8,2,4,3,5,1,6,8,
        7,2,7,2,7,3,7,1,7,2,6,2,6,2,6,1,6,1,
        8,2,8,2,7,2,5,2,4,6,
        0xff
};
unsigned char code music2[]=            //祝你生日快乐
{
        1,2,1,2,2,4,1,4,4,4,3,8,
        1,2,1,2,2,4,1,4,5,4,4,8,
        1,2,1,2,8,4,6,4,4,4,3,4,2,4,
        7,2,7,2,6,4,4,4,5,4,4,8,
        0xff
};
unsigned char code music3[]=            //两只老虎
{
        4,4,5,4,6,4,4,4,
        4,4,5,4,6,4,4,4,
        6,4,7,4,8,8,
        6,4,7,4,8,8,
        8,3,9,1,8,3,7,1,6,4,4,4,
        8,3,9,1,8,3,7,1,6,4,4,4,
        4,4,1,4,4,8,
        4,4,1,4,4,8,
        0xff


};
void delayMS(unsigned int ms)
{
        unsigned char t;
        while(ms--)
        {
                for(t=0;t<120;t++);
        }
}
void key_press()                        //按键子函数
{
        if (key==0)
        {
                delayMS(100);
                if (key==0)
                {
                        i=0;
                        index=(index+1)%4;
                        P0=seg[index];          //数码管显示乐谱编号
                        while(!key);
                }
        }
}
int main()                              //主程序
{
        TMOD=0x01;
        EA=1;
```

```
    ET0=1;
    P0=seg[index];                   //初始显示数字"0"
    while(1)
    {
        key_press();
        switch (index)
        {
            case 0:ET0=0; break;
            case 1:ET0=1; m_tone=music1[i];m_time=music1[i+1]; break;
            case 2:m_tone=music2[i];m_time=music2[i+1];     break;
            case 3:m_tone=music3[i];m_time=music3[i+1];     break;
        }
        if (m_tone==0xff)            //到达乐曲结尾
        {
            i=0;
            delayMS(2000);           //停止一段时间再继续播放
            continue;
        }
        TR0=1;
        delayMS(m_time*105);         //节拍时间
        TR0=0;
        i+=2;                        //因为每次取两个数，所以加 2
        delayMS(5);                  //延时是为了区分连续两个相同的音符
    }
}
void time0() interrupt 1
{
    TH0=Tone[m_tone]/256;           //音调定时初值
    TL0=Tone[m_tone]%256;
    spk=!spk;
}
```

项目基本知识

知识链接 MCS-51 单片机的定时/计数器

在工业控制与民用电子领域中，经常需要用到定时或延时控制或对某些外部事件进行计数等，如果这些控制都采用软件方式，则势必影响单片机的实时控制，因此，为了适应控制领域的这一要求，单片机内部都集成了定时/计数器。

一、定时/计数器的结构及工作原理

MCS-51 单片机内部集成了两个 16 位的定时/计数器，即 T0 和 T1。从名称上可以看出，它们既具有计数功能又具有定时功能，通过设置与它们相关的特殊功能寄存器可以选择工作在定时功能或计数功能。定时/计数器的实质是计数器，它的功能是能对输入脉冲按照一定规律进行计数。如果输入脉冲的周期是固定的，即计数脉冲的时间间隔相等，那么计数值就代表了时间，从而可以实现定时。

如同往一个水瓶里滴水一样，水瓶的容量是有限的，不能无限制地往水瓶里滴水，水瓶满了以后，再往水瓶里滴水就会溢出，单片机中的计数器也是如此，T0 和 T1 都是 16 位的计数器，它的容量也是有限的，其计数的最大值为 65535（即二进制数 1111 1111 1111 1111B），此时，再输入一个计数脉冲则计满溢出，将对应的溢出标志位置 1，这个标志位就是定时器中断标志位，就会向 CPU 发出中断申请。

MCS-51 单片机的定时/计数器的结构如图 6-13 所示。

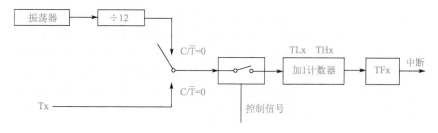

图 6-13　MCS-51 单片机定时/计数器的结构框图（x=0 或 x=1）

由图 6-13 可知，定时/计数器的核心是一个加 1 计数器，它的输入脉冲有两个来源：一个是外部脉冲信号，通过 T0（P3.4）脚或 T1（P3.5）输入；另一个是系统时钟脉冲（时钟振荡器经 12 分频以后的脉冲信号）。计数器对两个脉冲源之一进行计数，每输入 1 个脉冲，计数值加 1，TH0（或 TH1）和 TL0（或 TL1）是用来存放所计脉冲个数的寄存器。当计数器计满回 0 后，就从最高位溢出 1 个脉冲，使特殊功能寄存器 TCON 中的 TF0 或 TF1 置 1，作为定时/计数器的溢出中断标志。如果定时/计数器工作在定时功能，则表示定时的时间到；若工作在计数功能，则表示计数器计满回零。

当定时/计数器处于定时功能，加 1 计数器在每个机器周期加 1，因此，也可以把它看做在累计机器周期。由于每个机器周期时间恒定不变，计数值也就代表了时间，这样就把定时问题转化成了计数问题。比如 12MHz 晶振机器周期是 1μs，计 5000 个脉冲就是 5000μs，16 位定时/计数器的最大定时时间就是 65536μs。如果定时少于 65536μs，怎么为呢？这就好比一个空的水瓶，要滴 1 万滴水才会滴满溢出，我们在开始滴水之前先放入一些水，就不需要 1 万滴了。比如先放入 2000 滴，再滴 8000 滴就可以把瓶子滴满。在单片机中，也采用类似的方法，称为预置计数初值法。如果要定时 5000μs，可以让计数器从 65536-5000=60536 开始计数，当定时/计数器溢出时正好就是 5000μs，所以计数初值就是 60536。

当定时/计数器处于计数功能时，外部脉冲信号加在 T0（P3.4）脚或 T1（P3.5）脚。外部信号的下降沿将触发计数，若一个周期的采样值为 1，下一个周期的采样值为 0，则计数器加 1，故识别一个脉冲需要 2 个机器周期，所以对外部输入信号的最高计数速率是机器周期所对应频率的 1/2（晶振频率的 1/24）。

图 6-13 中有两个模拟的位开关，前者决定了定时/计数器的功能：当开关处于上方时为定时功能，处于下方时为计数功能。工作状态的选择由特殊功能寄存器 TMOD 的 C/$\overline{T}$ 位来决定。后一个模拟开关受控制信号的控制，它决定了脉冲是否加到计数器输入端，即决定了加 1 计数器的运行与关闭。

对于定时/计数器的功能，可以形象地表示为如图 6-14 所示的示意图。即对内部时钟脉冲计数就是定时功能，对外部输入脉冲计数就是计数功能。

图 6-14 定时/计数器功能示意图

二、定时/计数器的方式和控制寄存器

MCS-51 单片机有两个用于定时/计数器方式和控制的寄存器，分别是 TMOD 和 TCON：TMOD 用于计数脉冲源的选择（即决定其工作于计数功能或定时功能）、设置工作方式；TCON 用于控制定时/计数器的启动和停止，并包含了定时/计数器的状态。

1. 定时器工作方式寄存器 TMOD

TMOD 用于选择定时器的工作方式，它的低 4 位控制定时器 T0，高 4 位控制定时器 T1。单片机复位时，TMOD 的全部位均被清 0。TMOD 中各位的定义如表 6-3 所示。

表 6-3 TMOD 的位名称和功能

TMOD 位	D7	D6	D5	D4	D3	D2	D1	D0
位名称	GATE	C/$\overline{\text{T}}$	M1	M0	GATE	C/$\overline{\text{T}}$	M1	M0
功能	门控位	功能选择	工作方式选择		门控位	功能选择	工作方式选择	
	高 4 位控制定时/计数器 1				低 4 位控制定时/计数器 0			

TMOD 被分成两部分，每部分 4 位，低 4 位用于控制 T0，高 4 位用于控制 T1。由于控制 T1 和 T0 的位名称相同，为了不至于混淆，在使用中 TMOD 只能按字节操作，不能进行位操作。

TMOD 各位含义如下。

① M1 和 M0：工作方式选择位，其具体定义如表 6-4 所示。

表 6-4 定时/计数器工作方式选择

M1	M0	工 作 方 式	功 能 说 明
0	0	方式 0	13 位定时/计数器
0	1	方式 1	16 位定时/计数器
1	0	方式 2	可自动重装入的 8 位定时/计数器
1	1	方式 3	T0 分为 2 个 8 位定时器，T1 无此方式

② C/$\overline{\text{T}}$：功能选择位。C/$\overline{\text{T}}$=0 时，设置为定时器，对内部时钟脉冲计数；C/$\overline{\text{T}}$=1 时，设置为计数器，对外部输入脉冲计数。

③ GATE：门控位。当 GATE=0 时，定时/计数器的启动和停止仅受 TCON 寄存器中的 TR0（或 TR1）控制；当 GATE=1 时，定时/计数器的启动和停止由 TCON 寄存器中的 TR0（或 TR1）和外部中断引脚（INT0 或 INT1）上的电平状态共同控制。

2. 定时器控制寄存器 TCON

TCON 控制寄存器在项目五中已经介绍过，其各位的定义如表 6-5 所示。

表 6-5 定时/计数器控制寄存器 TCON 的各位功能定义

位 号	D7	D6	D5	D4	D3	D2	D1	D0
位 名 称	TF1	TR1	TF0	TR0	IE1	IT1	IE0	IT0

其中，和定时/计数器相关的位如下。

① TR0：定时/计数器 0（T0）的启动/停止控制位。当 TR0=1 时，T0 启动计数；当 TR0=0 时，T0 停止计数。

② TF0：定时/计数器 0（T0）的溢出中断标志位。当定时/计数器 0 计满溢出时，由硬件自动将 TF0 置 1，表示向 CPU 发出中断请求，当 CPU 响应该中断进入中断服务程序后，由硬件自动将该位清 0，无须用专门的语句将该位清 0。

③ TR1：定时/计数器 1（T1）的启动/停止控制位。其功能及使用方法同 TR0。

④ TF1：定时/计数器 1（T1）的溢出中断标志位。其功能及使用方法同 TF0。

三、定时/计数器的工作方式

MCS-51 单片机的定时/计数器有 4 种工作方式，分别由 TMOD 寄存器中的 M1、M0 两位的二进制编码决定。

1. 工作方式 0（$M_1M_0=00$）

T0 和 T1 的工作方式 0 是完全相同的，都是作为 13 位的定时/计数器来使用的，由 THx(x=0,1)的 8 位和 TLx 的低 5 位构成，TLx 的高 3 位未用，定时/计数器 T0 的电路结构如图 6-15 所示。TLx 的低 5 位产生进位时，直接进到 THx 上。THx 产生进位时，即计满溢出，置计满溢出标志位 TFx 为 1，向 CPU 申请中断，若 CPU 响应中断，由系统硬件自动将 TFx 清 0。在工作方式 0 下，两个定时/计数器的最大计数值为 $2^{13}=8192$，最长定时时间是 8192 个机器周期。

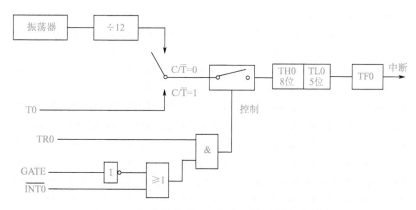

图 6-15 定时/计数器 T0 方式 0 的逻辑电路结构

我们用图 6-15 来说明以下几个问题。

① M1M0：定时/计数器一共有四种工作方式，就是用 M1M0 来控制的。

② C/$\overline{T}$：定时/计数器既可作定时用也可作计数用，如果 C/$\overline{T}$ 为 0 就是用做定时器，如果 C/$\overline{T}$ 为 1 就是用做计数器。

③ GATE：在图 6-15 中，当我们选择了定时或计数工作方式后，定时/计数脉冲却不一定能到达计数器端，中间还有一个开关，显然这个开关不合上，计数脉冲就没法过去。

GATE=0，分析一下逻辑，GATE 非后是 1，进入或门，或门总是输出 1，和或门的另一个输入端 INT0 无关，在这种情况下，开关的断开、闭合只取决于 TR0，只要 TR0 是 1，开关就闭合，计数脉冲得以畅通无阻，而如果 TR0 等于 0 则开关断开，计数脉冲无法通过，因此定时/计数是否工作，只取决于 TR0。

GATE=1，在此种情况下，计数脉冲通路上的开关不仅要由 TR0 来控制，而且还要受到INT0 引脚的控制，只有 TR0 为 1，且 INT0 引脚也是高电平，开关才合上，计数脉冲才得以通过。

2. 工作方式 1（M_1M_0=01）

T0 和 T1 的工作方式 1 也是完全相同的，都是作为 16 位的定时/计数器来使用的，定时/计数器的低 8 位产生进位时进到高 8 位上。高 8 位产生进位时，即计满溢出，置计满溢出标志位 TFx(x=0,1)为 1，向 CPU 申请中断，若 CPU 响应中断，由系统硬件自动将 TFx 复位。在工作方式 1 下，两个定时/计数器的最大计数为 2^{16}=65536，最长定时时间为 65536 个机器周期。其逻辑结构如图 6-16 所示。

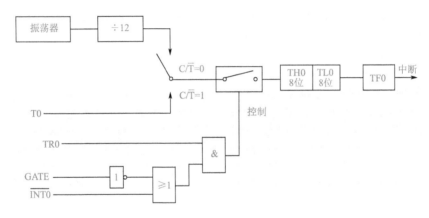

图 6-16 定时/计数器 T0 方式 1 的逻辑电路结构

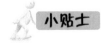

方式 1 完全包含了方式 0 的功能，方式 0 只是为了保留早期的单片机产品的一种工作方式，其实际上并没有存在的必要，我们一般只使用方式 1 而不使用方式 0。

3. 工作方式 2（M_1M_0=10）

T0 和 T1 在工作方式 2 下都是作为 8 位的定时/计数器来使用的，定时/计数器的低 8 位负责计数，高 8 位不参与计数，只作为计数初始值寄存器，存放低 8 位的初始值。每当低 8 位计满溢出时，直接将计满溢出标志位 TFx（x=0,1）为 1，与此同时，硬件自动将高 8 位中存放的计数初始值加载至低 8 位中，所以方式 2 又称为自动重装载方式。其逻辑结构图如图 6-17 所示。

在工作方式 2 下，由于只有低 8 位参与计数，故最大计数为 2^8=256，最长定时时间为 256个机器周期。虽然定时时间缩短了，但由于能够自动加载初始值，故定时时间更为精确。

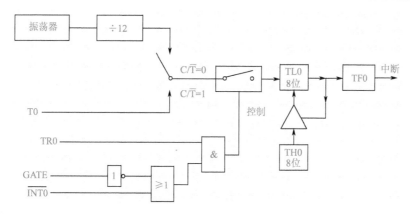

图 6-17 定时/计数器 T0 方式 2 的逻辑电路结构

需要强调的是：在工作方式 0 和工作方式 1 下，定时/计数器的计数初始值是不能自动重装载的，需要我们在程序中用相应的赋值语句重载；如果在程序中缺少了相应的重载计数初始值语句，则定时/计数器溢出后将从 0 开始计数。

4．工作方式 3（M_1M_0=11）

只有 T0 有方式 3，T1 在方式 3 下停止工作。此时 T0 被分为两个独立的 8 位定时/计数器来使用。

在方式 3 下，TL0 作为不能自动重载初始值的 8 位定时/计数器来使用，其计数初始值仍需在程序中用相应赋值语句加载；此时，TL0 既可以用做定时功能，也可以用做计数功能，由原来控制 T0 的 C/$\overline{T}$ 位来选择；TL0 的启动部分仍然由原来控制 T0 的 GATE、TR0、$\overline{INT0}$ 的逻辑组合来控制，启动与停止过程与前面三种工作方式相同；当 TL0 计满溢出时，直接将 TF0 置位从而向 CPU 申请中断， CPU 响应中断后，由系统硬件自动将 TF0 复位；此时，TL0 的中断服务程序入口地址即为原来 T0 的中断服务程序入口地址，中断序号也同样使用 T0 的中断序号（1）。

在方式 3 下，TH0 也是作为不能自动重载初始值的 8 位定时器来使用，但它只能用于定时功能，不能用于计数功能，因此没有 C/$\overline{T}$ 选择位控制；TH0 的启动也仅受原来 T1 的启动位 TR1 来控制；当 TH0 计满溢出时，直接将 TF1 置位从而向 CPU 申请中断；此时，TH0 的中断服务程序入口地址占用原来 T1 的中断服务程序入口地址，中断序号也同样使用 T1 的中断序号（3）。

当 T0 工作在方式 3 时，T1 可以工作在方式 0、1、2 三种工作方式下，但由于 TH0 占用了原来 T1 的启动控制位 TR1 和溢出标志位 TF1，所以 T1 的工作过程与前述有所变化。在这种情况下，T1 仍然既可以工作在定时功能，又可以工作在计数功能，但计满溢出时不能置位溢出标志，不能申请中断，其计满溢出信号可以送给串行口，此时 T1 作为波特率发生器。T1 的启动与停止由其原来的方式字控制，当写入"方式 0/1/2"时，T1 即启动，当写入"方式 3"时，T1 即停止工作。

四、定时/计数器应用举例

和定时/计数器相关的寄存器是 TMOD、TCON、IE 和 IP，另外还有计数寄存器 THx（x=0,1）和 TLx。使用定时/计数器主要包括初始化和编写中断服务程序。

初始化主要包括：

① 确定工作模式和工作方式（对 TMOD 赋值）；

② 预置定时或计数的初值（将初值写入 TH0、TL0 或 TH1、TL1）；

③ 根据需要开启定时器/计数器中断（对 IE 寄存器赋值）；

④ 启动定时器/计数器（将 TR0 或 TR1 置 1）；

⑤ 根据需要对中断源优先级别的设置（对 IP 寄存器赋值）。

中断服务程序需要根据中断源的具体要求进行编写。

下面重点讲解如何计算定时器的计数初值问题。定时器/计数器的初值因工作方式的不同而不同。设最大计数值为 M，则各种工作方式下的 M 值如下。

方式 0：$M = 2^{13} = 8192$

方式 1：$M = 2^{16} = 65536$

方式 2：$M = 2^{8} = 256$

方式 3：定时器 0 分成 2 个 8 位计数器，所以 2 个定时器的 M 值均为 256。

因定时器/计数器工作的实质是做"加 1"计数，所以，当最大计数值 M 值已知时，初值 X 可计算如下：

$$X = M - 计数值$$

例如：利用定时器 0 定时，采用方式 1，要求每 50ms 溢出一次，系统采用 12M 晶振。采用方式 1，M=65536。系统采用 12M 晶振，则计数周期 T=1μs，计数值 $= \dfrac{50 \times 1000}{T} = \dfrac{50 \times 1000}{1} = 50000$，所以，计数初值为：

$$X = M - 计数值 = 65536 - 50000 = 15536 = 0x3cb0$$

把 0x3c 赋给 TH0，0xb0 赋给 TL0，或者把 15536 对 256 求商（15536/256）赋给 TH0，把 15536 对 256 求余（15536%256）赋给 TL0。

总结以上定时器初值的计算方法，得出如下结论：

设机器周期为 T，定时器产生一次中断的时间为 t，那么需要计数的个数 $N=t/T$，装入 THx 和 TLx 中的初值分别为

$$THx = (M - t/T)/256$$

$$TLx = (M - t/T)\%256$$

计算定时/计数初值时，也可以用本书配套资料中的定时器初值计算工具很方便地算出，如图 6-18 所示。

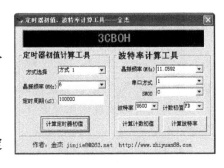

图 6-18　定时器初值计算工具

 项目综合训练

综合训练一　数字频率计的设计

频率计又称为频率计数器，是一种能够测量各种波形信号（如正弦波、方波、三角波等）频率的电子测量仪器。

一、实例分析

频率是指电压信号在 1s 内完成周期性变化的次数，常用 f 表示，单位是 Hz。根据概念，要测量频率，需要利用单片机的定时/计数器产生 1s 定时，在 1s 定时开始时对输入脉冲进行计数，1s 时间到时停止计数，这时所计脉冲的个数就是所测信号的频率。

由以上分析可知，使用单片机进行频率测量时，既要用到定时/计数器的定时功能，也要用到定时/计数器的计数功能。实际制作时，可以使用定时器 T0 作定时器，产生 1s 定时，使用定时器 T1 作计数器，在定时器 T0 的控制下对输入脉冲进行计数。

另外，单片机的定时/计数器外部脉冲输入引脚 T1（P3.5）只能识别矩形波信号并进行计数，而不能对一般的模拟信号（如正弦波）进行识别和计数，为了使频率计能够测量各种波形信号，还需要对被测信号进行整形处理。

二、仿真电路设计

根据任务分析，数字频率计电路原理图如图 6-19 所示，显示电路采用 6 位数码管，采用由 40106 施密特触发器构成的波形整形电路，该电路能把正弦波、三角波、锯齿波转换成矩形波，同时具有电平提升功能，输入信号只要有 1V 就可以很好地进行整形，并且不管输入信号多大经整形后都可以得到电压峰峰值大小为 5V 的标准矩形波信号，非常适用于计数电路进行计数。40106 施密特触发器可在元件库中搜索"40106"找到，被测信号来自信号发生器。

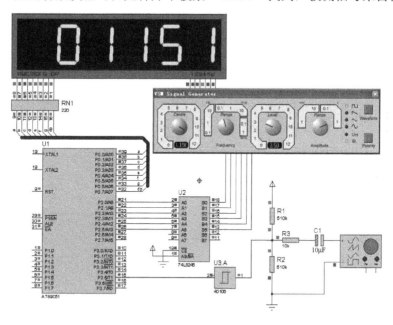

图 6-19 数字频率计电路原理图

三、程序设计与调试

编写数字频率计程序的关键是对单片机内部的两个定时/计数器的灵活应用，使它们能够很好地配合起来。基本思路是，首先 T0 作定时器用装入定时初值（实现 1s 定时），T1 作计数器用对 TH1 和 TL1 清 0；然后同时启动两个定时/计数器，T0 开始定时，T1 开始计数；当

T0 到达 1s 时，同时停止两个定时/计数器，这时 T1 所计的脉冲个数就是所测信号的频率（1s 所计脉冲的个数）；最后将 T1 所计的脉冲个数以十进制的形式在数码管上显示出来。数字频率计程序流程图如图 6-20 所示。

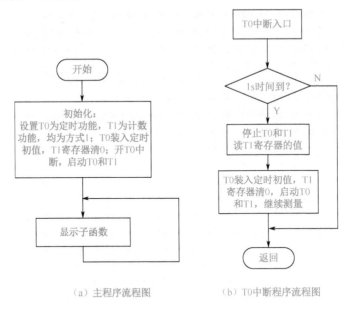

（a）主程序流程图   （b）T0 中断程序流程图

图 6-20   数字频率计程序流程

根据程序流程图，数字频率计参考程序如下：

```c
#include <reg51.h>
#include <intrins.h>
unsigned char count;
unsigned int value;
unsigned char code tab[]=
{
    0xc0,0xf9,0xa4,0xb0,0x99,0x92,0x82,0xf8,0x80,0x90
};
delay(unsigned int j)
{
    while(j--);
}
display()
{
    unsigned char i,wk=0x01;
    unsigned char buf[6];
    buf[0]=tab[value%10];
    buf[1]=tab[value/10%10];
    buf[2]=tab[value/100%10];
    buf[3]=tab[value/1000%10];
    buf[4]=tab[value/10000%10];
    buf[5]=0xff;
    for (i=0;i<=5;i++)
    {
```

```
            P2=wk;
            P0=buf[i];
            delay(100);
            wk=_crol_(wk,1);
            P0=0xff;
        }
    }
    void init( )
    {
        TMOD=0x51;
        TH0=0x3c;
        TL0=0xb0;
        TH1=0x00;
        TL1=0x00;
        EA=1;ET0=1;
        TR0=1;
        TR1=1;
    }
    int main( )
    {
        init( );
        while(1)
        {
            display( );
        }
    }
    void timer_0( ) interrupt 1      //定时器0中断函数
    {
        TH0=0x3c;
        TL0=0xb0;
        count++;
        if (count==20)                   //每秒测一次
        {
            count=0;
            TR0=0;TR1=0;
            value=TH1*256+TL1;
            TH0=0x3c;
            TL0=0xb0;
            TH1=0x00;
            TL1=0x00;
            TR0=1;TR1=1;
        }
    }
```

小贴士

（1）本程序虽然不长，但编写起来并不是很容易，需要对单片机的定时/计数器应用非常
灵活、熟练，思路非常清晰。完成本程序的设计，就意味着已经掌握了定时/计数器的应用。

（2）本任务所制作的频率计测量的最高频率有限，根据定时/计数器的内部结构我们知道，它测量的最高频率是时钟频率的 1/24，也就是说，如果时钟频率是 12MHz，所测的最高频率为 500kHz。要想测量更高的频率，可以对被测信号进行分频后再输入到单片机。

综合训练二　用定时器实现多路 PWM 输出

项目二曾介绍过应用 PWM（脉冲宽度调制）调光和调速的例子，PWM 在开关电源及电机控制方面应用非常广泛，有时候需要多路 PWM 输出，每路 PWM 都有各自的占空比，并能单独调节，下面我们使用定时器实现多路 PWM 输出。

一、实例分析

很多单片机如 PIC 单片机、AVR 单片机等内部已经集成两个或多个 PWM 模块及控制器供用户使用，基本 51 单片机内部没有 PWM 模块，需要编程才能实现 PWM 输出。

本实例利用单片机内部的一个定时/计数器实现同时多路 PWM 输出，每路均可单独调整占空比，互不影响。

二、仿真电路图

用定时器实现多路 PWM 输出的电路图如图 6-21 所示，本实例分别由 P2.0、P2.1、P2.2 引脚输出三路 PWM 波，6 只按键分别对其占空比进行调节，示波器用来观察 3 个 PWM 波的波形。

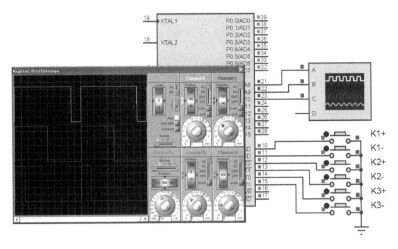

图 6-21　用定时器实现多路 PWM 输出

三、程序设计与调试

编程思路：比如第一路的占空比用变量 w1 表示，使用定时器定时 100μs，变量 count 记录中断次数，中断 100 次为一周期，周期为 10ms，频率为 100Hz。每中断一次变量 count 加 1，用 count 的值和 w1 的值进行比较，如果 count 小于 w1，P2.0 输出高电平，否则输出低电平，当 count 的值为 100 时完成一个完整的周期，使 count 为 0，重复上述过程。如果 w1 的值为 30，则前 30 次中断 P2.0 输出高电平，后 70 次中断 P2.0 输出低电平，占空比为 30%，只要改变 w1 的值，占空比便随之改变。此方法可以实现任意路 PWM 波的输出。

用定时器实现多路 PWM 输出的参考程序如下：

```c
#include <reg51.h>
unsigned char count;
sbit pwm1=P2^0;      //第一路输出
sbit pwm2=P2^1;      //第二路输出
sbit pwm3=P2^2;      //第三路输出
sbit k11=P3^0;
sbit k12=P3^1;
sbit k21=P3^2;
sbit k22=P3^3;
sbit k31=P3^4;
sbit k32=P3^5;
unsigned char w1,w2,w3;
delay(unsigned int j)
{
    while(j--);
}
void keyscan()
{
    if(k11==0)
    {
        delay(1000);
        if(k11==0)
        {
            w1+=5;          //第一路占空比增加
            if(w1>=100)
            w1=100;
            while(k11==0);
        }

    }
    if(k12==0)
    {
        delay(1000);
        if(k12==0)
        {
            w1-=5;          //第一路占空比减小
            if(w1<=6)
            w1=6;
            while(k12==0);
        }
    }
    if(k21==0)
    {
        delay(1000);
        if(k21==0)
        {
            w2+=5;
```

```
                if(w2>=100)
                w2=100;
                while(k21==0);
            }
    }
    if(k22==0)
    {
        delay(1000);
        if(k22==0)
        {
            w2-=5;
            if(w2<=6)
            w2=6;
            while(k22==0);
        }
    }
    if(k31==0)
    {
        delay(1000);
        if(k31==0)
        {
            w3+=5;
            if(w3>=100)
            w3=100;
            while(k31==0);
        }

    }
    if(k32==0)
    {
        delay(1000);
        if(k32==0)
        {
            w3-=5;
            if(w3<=6)
            w3=6;
            while(k32==0);
        }
    }
}
void Timer0_Init()
{
    TMOD=0x02;          //方式2
    IE=0x82;
    TH0=0x9c;           //定时100μs
    TR0=1;
}
void main()
{
    w1=w2=w3=50;
    count=0;
    Timer0_Init();
    while(1)
```

```
        {
            keyscan();
        }
}
void Timer0_Int() interrupt 1//中断程序
{
    if(count<w1)
    {
        pwm1=1;
    }
    else
    {
        pwm1=0;
    }
    if(count<w2)
    {
        pwm2=1;
    }
    else
    {
        pwm2=0;
    }
    if(count<w3)
    {
        pwm3=1;
    }
    else
    {
        pwm3=0;
    }
    count++;
    count%=100;        //中断 100 次共 10ms，频率 100Hz
}
```

知识巩固与技能训练

1．如果系统的晶振频率为 12MHz，分别指出定时器/计数器方式 1 和方式 2 最长定时时间是多少？

2．说明工作方式寄存器 TMOD 和控制寄存器 TCON 各位的含义。

3．如果系统的晶振频率为 12MHz，利用定时器 T0 工作方式 1，在 P2.0 端口产生频率为 10Hz 的方波，试编写程序。

4．设计制作一个电子秒表，最小计时单位为 0.01s，共两个按键，一个按键作为启动和暂停双重功能，另一个按键为清零键。

5．为本项目的数字时钟增加定闹功能。要求：可以设定闹铃时间，并能开启和关闭定闹功能，当开启后，设定时间到时，播放一段音乐。试设计硬件并编写程序。

串行通信的应用

技能应用一 串行口方式 0 的使用

串行口工作于方式 0 时，本身相当于"并入串出"（发送状态）或"串入并出"（接收状态）的移位寄存器。8 位串行数据 D0～D7（低位在前）依次从 RXD（P3.0）引脚输出或输入，同步移位脉冲信号由 TXD（P3.1）引脚输出，波特率为系统时钟频率 f_{osc} 的 12 分频，不可改变。

一、串行数据转换为并行数据的控制

1. 技能要求

由单片机串行口工作于方式 0 发送的串行数据，经一片 8 位串入并出移位寄存器 74LS164 芯片，构成单片机输出接口电路，控制共阳型数码管显示数字。

2. 仿真电路图

74LS164 是 8 位串入并出移位寄存器，它能实现数据从串行输入到并行输出的转换，在单片机技术中常用来实现对 I/O 口的扩展。74LS164 的引脚分布及其在 Proteus 中的逻辑符号如图 7-1 所示。

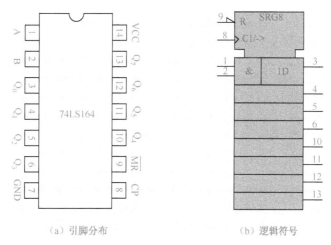

(a) 引脚分布　　　　　　　　(b) 逻辑符号

图 7-1　74LS164 引脚分布及其在 Proteus 中的逻辑符号

74LS164 各引脚功能如下：

A、B（1、2 脚）：数据输入端，数据通过这两个输入端之一串行输入；任一输入端可用做高电平使能端，控制另一输入端的数据输入。当其中任意一个为低电平，则禁止新数据输入；当其中一个为高电平，则另一个就允许输入数据。因此两个输入端要么连接在一起，要么把不用的输入端接高电平，一定不要悬空。

Q0～Q7（3～6 脚，10～13 脚）：数据输出端。

CP（8 脚）：时钟输入端。CP 每次由低变高时，数据右移一位。

$\overline{MR}$（9 脚）：复位清除端，当 $\overline{MR}$ 为低电平时，其他所有输入端都无效，同时所有输出端均为低电平。

串行数据转换为并行数据的控制电路如图 7-2 所示。74LS164 的输入端 1、2 脚连接在一起接单片机的 RXD 引脚，时钟输入端 CP 接单片机的 TXD 引脚，复位端 $\overline{MR}$ 悬空。发送数据低位在前，请注意和数码管引脚的接线顺序。

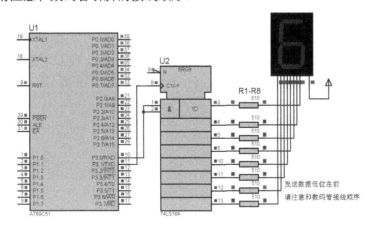

图 7-2   串行数据转换为并行数据的控制电路

3. 程序设计与调试

单片机串行口工作方式 0 发送数据时，只要把发送数据写入发送缓冲器 SBUF，数据就会在 TXD 引脚的时钟脉冲控制下通过 RXD 引脚自动发送，整个过程不需要人工干预，数据发送完后，TI 自动被置"1"，必须人工清"0"。

串行数据转换为并行数据的参考程序如下：

```c
#include <reg51.h>
#include <intrins.h>
#define uint unsigned int      //宏定义 unit 为书写方便
#define uchar unsigned char
unsigned char code seg[]=
{0xc0,0xf9,0xa4,0xb0,0x99,0x92,0x82,0xf8,0x80,0x90};
void Delay(uint i)
{
    while(i--);
}
void main()
{
    uchar a;
    SCON=0x00;                 //工作方式 0
    while(1)
    {
        SBUF=seg[a];           //将发送数据写入 SBUF 寄存器
        while(TI==0);          //等待发送结束
        TI=0;                  //必须人工清除 TI
        Delay(50000);
        a=(a+1)%10;
    }
}
```

二、并行数据转换为串行数据的控制

1. 技能要求

单片机串行口外接一片 8 位并入串出移位寄存器 74LS165，连接移位寄存器并行输入端的是 8 位拨码开关，其开关动作对应的 8 位二进制序列将通过移位寄存器串行输入到单片机串口，并通过接在单片机 P0 口的 8 只 LED 显示出来。

2. 仿真电路图

74LS165 是 8 位并入串出移位寄存器，使用移位寄存器可以扩展一个或多个 8 位并行 I/O 接口。74LS165 在 Proteus 中的逻辑符号如图 7-3 所示。

74LS165 各引脚功能如下。

① SH/$\overline{\text{LD}}$：移位与置位控制端。高电平时表示移位，低电平时表示置位。在开始移位之前，需要先从并行输入端口读入数据，这时应将 SH/$\overline{\text{LD}}$ 置 0，并行口的 8 位数据将被置入 74LS165 内部的 8 个触发器，当 SH/$\overline{\text{LD}}$ 为 1 时，并行输入被封锁，移位操作开始。

② INH：时钟禁止端。当 INH 为低电平时，允许时钟输入。

③ CLK：时钟输入端。

④ D0～D7：并行输入端。

⑤ SI：串行输入端，用于扩展多个 74LS165 的首尾连接端。

⑥ SO：串行输出端。

⑦ $\overline{\text{QH}}$：也是串行输出端，它与 SO 是反相的关系。

并行数据转换为串行数据的控制电路如图 7-4 所示。74LS165 的 CLK 端接单片机的 TXD 引脚，SO 接单片机的 RXD 端，SH/$\overline{\text{LD}}$ 接单片机的 P2.0 引脚，INH 直接接地。

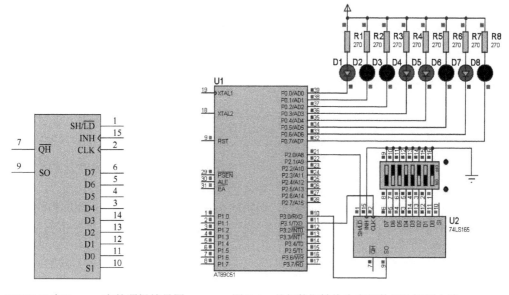

图 7-3　74LS165 在 Proteus 中的逻辑符号图　　　图 7-4　并行数据转换为串行数据的控制电路

3. 程序设计与调试

单片机串行口工作方式 0 接收数据时，数据在 TXD 引脚的时钟脉冲控制下通过 RXD 引脚将数据逐位移入接收缓冲器 SBUF，整个过程不需要人工干预，当接收完 8 位数据后，RI 自动被置"1"，必须人工清"0"。

并行数据转换为串行数据的参考程序如下：

```c
#include <reg52.h>
sbit s=P2^0;
void delay(unsigned int i)
{
    while(i--);
}
void main()
{
    SCON=0x10;         //工作方式 0，允许接收
    while(1)
    {
        s=0;
        s=1;
        while(!RI); //等待接收完成
        RI=0;           //必须人工清除 RI
        P0=SBUF;        //读取接收的数据并送到 P0 口
        delay(1000);
    }
}
```

技能应用二　串行口方式 1 的使用

串行口工作在方式 1 时为波特率可变的 10 位异步通信接口。数据由 RXD（P3.0）引脚接收，TXD（P3.1）引脚发送。波特率与定时器 T1（或 T2）溢出率、SMOD 位有关（可变）。

一、单片机双机通信系统的设计

1. 技能要求

当两个单片机系统交换数据时，或者在一个系统中，使用一个单片机资源不够而再增加一个或多个单片机时，就需要在两个单片机之间进行双机通信。

本实例中有甲、乙两个单片机系统，甲机中，通过按下接在 P3.7 口线的按键，依次向乙机发送 0~9 十个数字；乙机中，以中断的方式接收甲机发来的数据，并输出到接在 P0 口的数码管进行显示。

2. 仿真电路图

单片机的双机通信有短距离和长距离之分，一般来讲，1m 之内的通信称为短距离，1000m 左右的通信称为长距离。

单片机通信中最常见实现方式有 3 种：TTL 电平通信（单片机双机串行口直接相连）、

RS-232C 通信、RS-485 通信。

　　TTL 电平通信时，直接将单片机甲的 TXD 端接单片机乙的 RXD 端，单片机甲的 RXD 端接单片机乙的 TXD 端，同时两个单片机系统的地线连接在一起（即共地）。TTL 电平的通信距离一般不超过 2m，通常用在当一个系统中使用一个单片机资源不够时，再增加一个或多个单片机。如果要实现远距离通信，则需要对 TTL 电平进行转换，其中 RS-232 串行接口的通信距离在 15m 以内，而 RS-485 通信的距离可达 1200m。

　　TTL 电平的双机通信电路如图 7-5 所示，而 RS-232 串行接口的双机通信如图 7-6 所示。

　　RS-232 串行接口在计算机与通信工业中广泛应用，它是一种负逻辑电平，用正负电压来表示逻辑状态，定义高电平为-12V，低电平为+12V。这就意味 TTL 电平和 RS-232 接口标准的电平不匹配，需要进行电平转换才能进行通信。

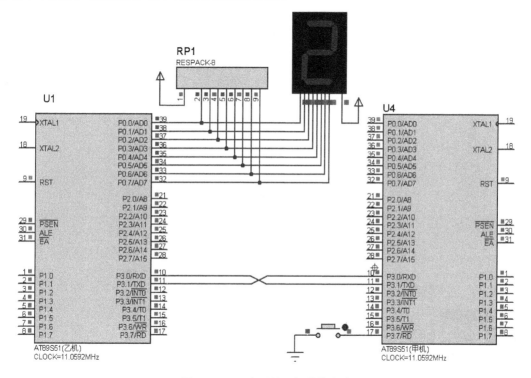

图 7-5　TTL 电平的双机通信电路

　　MAX232 芯片是美信公司专门为计算机的 RS-232 标准串口设计的接口电路，使用+5V 单电源供电。其引脚及内部结构如图 7-7 所示。内部结构基本可分为以下三个部分。

　　第一部分是电荷泵电路。由 1、2、3、4、5、6 脚和 4 只电容构成。功能是产生+12V 和 -12V 两个电源，提供给 RS-232 串口电平的需要。

　　第二部分是数据转换通道。由 7、8、9、10、11、12、13、14 脚构成两个数据通道。其中 13 脚（$R1_{IN}$）、12 脚（$R1_{OUT}$）、11 脚（$T1_{IN}$）、14 脚（$T1_{OUT}$）为第一数据通道。8 脚（$R2_{IN}$）、9 脚（$R2_{OUT}$）、10 脚（$T2_{IN}$）、7 脚（$T2_{OUT}$）为第二数据通道。TTL/CMOS 数据从 $T1_{IN}$、$T2_{IN}$ 输入，转换成 RS-232 数据从 $T1_{OUT}$、$T2_{OUT}$ 送到计算机 DP9 插头；DP9 插头的 RS-232 数据从 $R1_{IN}$、$R2_{IN}$ 输入转换成 TTL/CMOS 数据后从 $R1_{OUT}$、$R2_{OUT}$ 输出。

　　第三部分是供电。15 脚 GND、16 脚 VCC（+5V）。

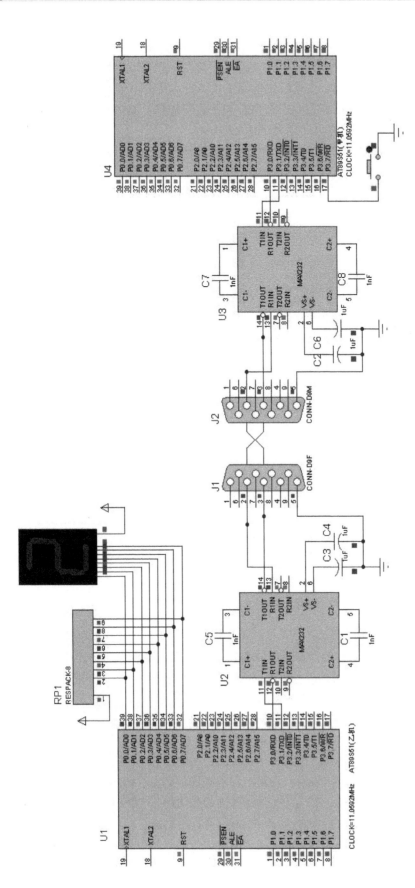

图 7-6　RS-232 串行接口的双机通信电路

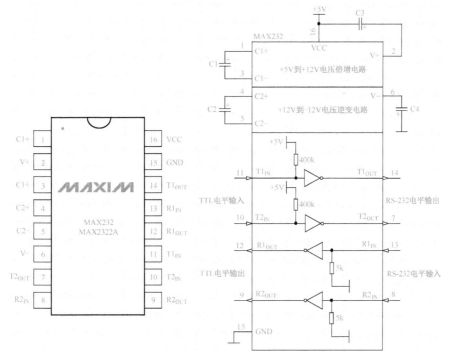

图 7-7 MAX232 引脚及内部结构

3. 程序设计与调试

当单片机工作于方式 1 时，需要对单片机的一些与串口有关的特殊功能寄存器进行设置，主要是设置产生波特率的定时器 T1、串行口控制和中断控制。具体步骤如下。

① 确定 T1 的工作方式（编程 TMOD 寄存器）。

② 计算 T1 的初值，装载 TH1、TL1。

③ 启动 T1（编程 TCON 中的 TR1 位）。

④ 确定串行口工作方式（编程 SCON 寄存器）。

⑤ 串行口工作于中断方式时，要进行中断设置（编程 IE、IP 寄存器）。

本实例中各寄存器的取值如下。

① SCON 的取值

串行口工作方式采用方式 1，甲机只发送，禁止接收，故设置 REN 位为 "0"，故 SCON 取值为 0x40；乙机允许接收，设置 REN 位为 "1"，故 SCON 取值为 0x50。

② TMOD 的取值

定时器 T1 作波特率发生器，采用工作方式 2，可以避免计数溢出后用软件重装定时初值，故甲机和乙机的 TMOD 取值均为 0x20。

③ 计数初值的计算

计数初值可通过公式计算、查表或定时器初值计算工具得到，取值：0xfd。

甲机程序流程图如图 7-8 所示。

根据流程图编写甲机参考程序如下：

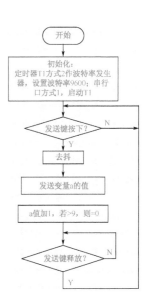

图 7-8 甲机程序流程图

```
#include<reg51.h>
sbit key=P3^7;
unsigned char a;
delay()
{
    unsigned int i;
    for (i=0;i<200;i++);
}
sendB(unsigned char da)              //发送单字节数据子函数
{
    SBUF=da;                         //待发送的数据送到 SBUF，触发发送
    while(!TI);                      //等待发送结束
    TI=0;                            //必须通过软件清除 TI
}
int main()
{
    TMOD=0x20;                       //定时器 T1 方式 2 作波特率发生器
    TH1=0xfd;                        //波特率 9600，和甲机一致
    TL1=0xfd;
    SCON=0x40;                       //串行口方式 1，禁止接收
    TR1=1;
    while(1)
    {
        if (key==0)
        {
            delay();
            if (key==0)
            {
                sendB(a);            //发送数据
                a=(a+1)%10;
                while(key==0)delay();
            }
        }
    }
}
```

乙机程序流程图如图 7-9 所示。

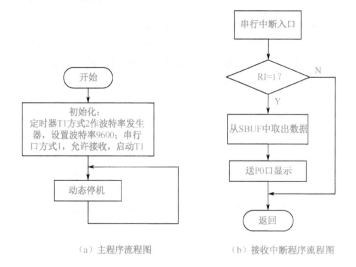

(a) 主程序流程图   (b) 接收中断程序流程图

图 7-9   乙机程序流程图

根据流程图编写乙机参考程序如下：

```c
#include<reg51.h>
unsigned char a;
unsigned char code seg[]=
{  0xC0,0xF9,0xA4,0xB0,0x99,0x92,0x82,0xF8,0x80,0x90};
int main()
{
    TMOD=0x20;                    //定时器 T1 方式 2 作波特率发生器
    TH1=0xfd;                     //波特率 9600，和甲机一致
    TL1=0xfd;
    SCON=0x50;                    //串行口方式 1，允许接收
    EA=1;                         //开中断
    ES=1;
    TR1=1;
    while(1)
    {
                                  //动态停机
    }
}
void serial() interrupt 4
{
    if (RI)
    {
        RI=0;                     //必须通过软件清除 RI
        a=SBUF;                   //接收并显示
        P0=seg[a];
    }
}
```

二、单片机与 PC 机通信系统的设计

1. 技能要求

在单片机系统中，经常需要将单片机的数据交给 PC 机来处理，或者将 PC 机的一些数据交给单片机来执行，这就需要单片机和 PC 机之间进行通信。

本实例中每按一次接在单片机 P3.7 脚的按键，便向 PC 机发送字符串 "I seng a char：" 和一个大写字母，这个字母依次从 A 到 Z；单片机以中断的方式接收 PC 机发送来的数字 0～9 并在数码管上显示，同时再把这个数字回送给 PC 机。

2. 仿真电路图

单片机与 PC 机通信系统电路如图 7-10 所示。其中 VIRTUAL TERMINAL 为串口虚拟终端，可以模拟 PC 机接收和发送字符，且均以 ASCII 码的形式发送和接收，但唯一不同的是串口虚拟终端使用的是 TTL 电平，而 PC 机使用的 RS-232 协议电平，因此在实际和计算机相连时需要经 MAX232 进行电平转换。

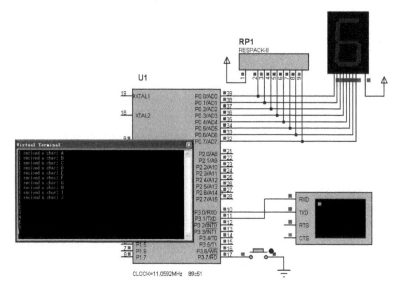

图 7-10　单片机与 PC 机通信系统电路图

　　PC 机对数据的接收、发送和存储均采用 ASCII 编码的形式编写单片机程序，在发送数据时，需要将数据转换成 ASCII 的形式再发送，在接收数据时，需要把接收到的 ASCII 形式的数据转换成十六进制（二进制）数。使用虚拟终端模拟 PC 机发送字符的方法是：单击虚拟终端窗口使用其成为当前窗口，虚拟终端的窗口内就会出现光标闪烁，这时按下计算机键盘的某一个键，就会将这个键所对应的 ASCII 码发送出去。

3．程序设计与调试

　　单片机与 PC 机通信系统中单片机的程序与双机通信中单片机的程序相似，不同的是，单片机发送时要以 ASCII 码的形式发送，例如大写字母 A 的 ASCII 码是 0x41 或者写成'A'，则 B 的 ASCII 码可以写做 0x41+1 或者'A'+1，C 的 ASCII 码可以写做 0x41+2 或者'A'+2，等等。同时，单片机接收到的是 ASCII 码，需要转换为十六进制才能在数码管上显示，由于 0 的 ASCII 码是 0x30，所以 0～9 这 10 个数字的 ASCII 码只要减去 0x30 或者'0'即可转换为相应的十六进制编码，例如，6 的 ASCII 码是 0x36，减去 0x30 或者'0'即得 6。

　　参考程序如下：

```
#include<reg51.h>
sbit key=P3^7;
unsigned char a,b;
unsigned char code seg[]=
{   0xC0,0xF9,0xA4,0xB0,0x99,0x92,0x82,0xF8,0x80,0x90};
delay()
{
    unsigned int i;
    for (i=0;i<200;i++);
}
sendB(unsigned char da)                     //字节数据发送子函数
```

```
{
    SBUF=da;
    while(!TI);                              //等待发送完成
    TI=0;                                    //必须通过软件对 TI 清 0
}
sendS(unsigned char *p)                      //字符串发送子函数
{
    while(*p!='\0')                          //字符串结束标志\0
    {
        sendB(*p);                           //发送指针指向的字符
        p++;                                 //指向下一字符
    }
}
int main()
{
    TMOD=0x20;                               //定时器 T1 方式 2 作波特率发生器
    TH1=0xfd;                                //波特率设为 9600
    TL1=0xfd;
    SCON=0x50;                               //串行方式 1，允许接收
    EA=1;
    ES=1;
    TR1=1;
    while(1)
    {
        if (key==0)
        {
            delay();
            if (key==0)
            {
                sendS("I recived a char: ");
                sendB(a+'A');                //以 ASCII 码的形式发送
                sendS("\r\n");               //发送换行字符
                a=(a+1)%26;
                while(key==0)delay();        //等待按键被释放
            }
        }

    }
}
void serial1() interrupt 4
{
    if (RI)
    {
        RI=0;
        b=SBUF;
        b=b-0x30;                            //0x30 对应 0 的 ASCII 码
        P0=seg[b];
        sendB(b+'0');                        //0 的 ASCII 也可以写成'0'
        sendS("\r\n");                       //发送换行字符
    }
}
```

项目基本知识

知识链接　MCS-51 单片机的串行接口

通信有并行和串行两种方式。在现代单片机测控系统中，信息的交换多采用串行通信方式。

一、串行通信的基本知识

1. 并行通信与串行通信

在实际应用中，不但单片机与外设之间常常要进行信息交换，而且单片机与单片机之间、单片机与计算机之间也需要交换信息，所有这些信息的交换称为"通信"。

通信的基本方式分为并行通信和串行通信两种。

（1）并行通信

并行通信是构成 1 组数据的各位同时进行传送，例如 8 位数据或 16 位数据并行传送。其示意图如图 7-11（a）所示。其特点是传输速度快，但当距离较远、位数又多时，通信线路复杂且成本很高。

（2）串行通信

串行通信是数据一位接一位地顺序传送。其示意图如图 7-11（b）所示。其特点是通信线路简单，只要一对传输线就可以实现通信（如电话线），从而大大地降低了成本，特别适用于远距离通信。缺点是传输速度慢。

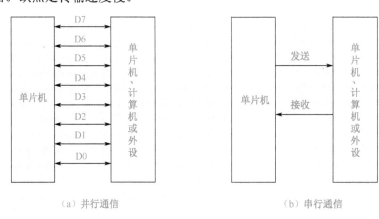

（a）并行通信　　　　　　　　　　　　（b）串行通信

图 7-11　通信的两种基本方式

2. 数据格式和波特率

在串行异步传送中，CPU 与外设之间事先必须约定数据格式和波特率。

（1）数据格式。双方要事先约定传送数据的编码形式、奇偶校验形式及起始位和停止位的规定。例如常用的串行通信，有效数据为 8 位，加 1 个起始位和 1 个停止位共 10 位。

（2）波特率。波特率就是数据传送的速率，即每秒钟传送的二进制数的位数，单位是位/秒或 b/s、bps。

例如，每秒传送 120 个字符，每个字符 10 位，则传送的波特率为 1200bps。

要实现单片机之间及单片机和计算机之间的通信，就必须使双方的波特率一致。单片机和计算机串行通信中常用的波特率有：1200，2400，4800，9600，19200。

3. 数据传送方向

串行通信的数据传送方向有 3 种形式。

（1）单工方式。如图 7-12（a）所示，设备 A 有一个发送器，设备 B 有一个接收器，数据只能从 A 发送至 B。

（2）半双工方式。如图 7-12（b）所示，设备 A 有一个发送器和一个接收器，设备 B 也有一个发送器和一个接收器，但由于只有一条线路，同一时间只能作 1 个方向的传送。

（3）全双工方式。如图 7-12（c）所示，设备 A 和 B 都既可同时发送，也可同时接收。

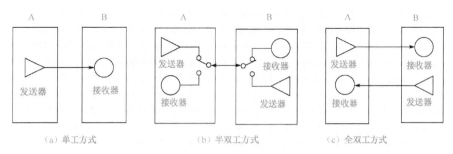

图 7-12　串行通信的三种方式

二、MCS-51 单片机的串行接口

1. MCS-51 单片机串行口的结构

MCS-51 单片机内部有 1 个功能强大的全双工串行口，可同时发送和接收数据。它有 4 种工作方式，可供不同场合使用。波特率由软件设置，通过内部的定时器 T1 产生（具体内容参阅串行通信的波特率一节）。接收、发送均可工作在查询方式或中断方式，使用非常灵活。

MCS-51 单片机串行口的结构如图 7-13 所示。它有 2 个独立的发送、接收缓冲器 SBUF，一个用做发送，只能写入不能读出，一个用做接收，只能读出不能写入。串行口对外通过发送信号线 TXD（P3.1）和接收信号线 RXD（P3.0）实现全双工通信。

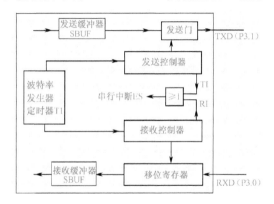

图 7-13　MCS-51 单片机串行口结构

2. 与串行通信相关的特殊功能寄存器

对串行通信的编程，关键是对相关寄存器进行合理的设置。在串行口的应用中经常用到的寄存器有以下几个：

（1）串行数据缓冲寄存器 SBUF

在 MCS-51 单片机中，串行接收缓冲器和串行发送缓冲器在物理上是两个独立的、不同的寄存器，但寄存器名都是 SBUF。由于发送缓冲器只能写入，不能读出，因此只要将数据写入 SBUF，操作对象就是发送缓冲器，即可从 TXD 端一位一位地向外发送。而接收缓冲器只能读出，不能写入，当接收端一位一位地接收完一个完整的数据后，就会放入接收缓冲器，然后通过串行中断标志位 RI 通知 CPU，这时通过指令读 SBUF 的数据，操作对象就是接收缓冲器。

当需要发送一个数据时，只要把数据写入 SBUF 寄存器即可，当发送完一个完整的数据后，就会自动将发送中断标志位 TI 置"1"，发送程序如下：

```
SBUF=0x30;       //把数据送入 SBUF 即可自动开始发送
while(!TI);      //等待发送完成
TI=0;            //发送完成后 TI 自动置"1"，需通过软件清"0"
```

收到一个完整的数据后，就会自动将接收中断标志位 RI 置"1"。可以通过查询方式从 SBUF 寄存器读出数据，也可以通过中断方式从 SBUF 寄存器读出数据，查询方式接收数据的程序如下：

```
if (RI)              //RI 等于"1"表示收到 1 个完整的数据
{
    RI=0;            //RI 需通过软件清"0"
    a=SBUF;          //读出数据并赋给变量 a
}
```

中断方式接收数据的程序如下：

```
viod serial() interrupt 4   //串行中断服务函数
{
if (RI)             //判断是发送引起的中断还是接收引起的中断
    {
        RI=0;        //RI 需通过软件清"0"
        a=SBUF;      //读出数据并赋给变量 a
    }
}
```

（2）串行口控制寄存器 SCON

SCON 寄存器用来控制串行口的工作方式和状态，它可以位操作，也可以字节操作。在复位时所有的位被清"0"。SCON 各位含义如表 7-1 所示。

表 7-1　串行口控制寄存器 SCON 各位含义和功能

SCON 位	D7	D6	D5	D4	D3	D2	D1	D0
位 名 称	SM0	SM1	SM2	REN	TB8	RB8	TI	RI
功 能	工作方式选择		多机通信控制位	串行接收允许位	待发送的第9位数据	接收到的第9位数据	发送中断标志位	接收中断标志位

① SM0、SM1：串行口工作方式选择位。串行口有 4 种工作方式，它是由 SM0、SM1

来定义的，如表 7-2 所示。

表 7-2 串行口工作方式选择

SM0 SM1	工 作 方 式	说　　　明	波 特 率
0　0	方式 0	8 位同步移位寄存器	$f_{osc}/12$
0　1	方式 1	波特率可变的 10 位异步串行通信方式	可变
1　0	方式 2	波特率固定的 11 位异步串行通信方式	$f_{osc}/64$ 或 $f_{osc}/32$
1　1	方式 3	波特率可变的 11 位异步串行通信方式	可变

② SM2：多机通信控制位。主要用于工作方式 2 和方式 3。在方式 2 和方式 3 中，如 SM2=1，则接收到的第 9 位数据 RB8 为 "0" 时不置位接收中断标志位 RI（即 RI=0），并将接收到的数据丢弃；RB8 为 "1" 时，才将接收到的数据送入 SBUF，并置位 RI 产生中断请求。当 SM2=0 时，不论 RB8 为 "0" 或 "1"，都将接收到的数据送入 SBUF，并置位 RI 产生中断请求。在方式 0 和方式 1 时，SM2 必须为 "0"。

③ REN：允许串行接收控制位。若 REN=0，则禁止接收；若 REN=1，则允许接收。因此，可通过软件使 REN 置 "1" 或清 "0"，允许或禁止串行口接收数据。

④ TB8：发送数据的第 9 位。在方式 2、方式 3 中，TB8 为所要发送的第 9 位数据。在多机通信中，以 TB8 位的状态表示主机发送的是地址还是数据，TB8=0 为数据，TB8=1 为地址。也可用做奇偶校验位。

⑤ RB8：接收的数据的第 9 位。在方式 2、方式 3 中，它是接收到的第 9 位数据，可作为数据/地址的标志，也可作为奇偶校验位。在方式 1 时作为停止位，在方式 0 时，不使用 RB8。

⑥ TI：发送中断标志位。当串行发送完一个完整数据后，TI 自动置 "1"，向 CPU 请求中断。CPU 响应中断后，必须用软件将 TI 清 "0"。

⑦ RI：接收中断标志位。当接收到一帧有效数据后，RI 自动置 1，向 CPU 请求中断，CPU 可以读取存放在接收缓冲器 SBUF 中的数据。CPU 响应中断后，必须用软件将 RI 清 "0"。RI 也可供查询使用。

 小贴士

SCON 各位的含义理解起来比较抽象，但实际上方式 0 主要用于同步通信，方式 2、3 用于主从多机通信，这 3 种方式在实际应用中很少用到，一般让单片机串行口工作在方式 1 下，如果禁止单片机接收串口数据，则设置 SCON=0x40，如果允许单片机接收串口数据，则设置 SCON=0x50。

（3）电源控制寄存器 PCON

PCON 主要是为单片机的电源控制而设置的特殊功能寄存器，它只能字节操作而不能位操作。PCON 格式如表 7-3 所示。

表 7-3 电源控制寄存器 PCON 格式

PCON 位	D7	D6	D5	D4	D3	D2	D1	D0
位 名 称	SMOD				GF1	GF0	PD	IDL

PCON 和串行通信有关的只有最高位 SMOD，SMOD 为串行口波特率选择位，当 SMOD=0 时，波特率不变，当 SMOD=1 时，方式 1、2、3 的波特率加倍。

3. 串行通信的波特率

由表 7-2 可知，串行通信的 4 种工作方式对应着 3 种波特率。

（1）对于方式 0，波特率是固定的，为单片机时钟频率的 1/12，即 $f_{osc}/12$。

（2）对于方式 2，波特率有两种选择，当 SMOD=0 时，波特率=$f_{osc}/64$；当 SMOD=1 时，波特率加倍，波特率=$f_{osc}/32$。

（3）对于方式 1 和方式 3，波特率由定时器 T1 的溢出率和 SMOD 位决定，对应以下公式：

$$波特率 = (2^{SMOD}/32) \times (定时器 T1 的溢出率)$$

而定时器 T1 的溢出率则和所采用的定时器的工作方式及计数初值有关，公式如下：

$$定时器 T1 的溢出率 = f_{osc}/12 \times (2^n - X)$$

其中 X 为定时器 T1 的计数初值，n 为定时器 T1 的位数。

为了避免重装初值造成的定时误差，定时器 T1 最好工作在可自动重装初值的方式 2（位数 $n=8$），并禁止定时器 T1 中断。TH1 是它自动加载的初值，所以设定 TH1 的值就能改变波特率。

单片机串行通信中常用的波特率为 1200、2400、4800、9600…，如果使用 12MHz 或 6MHz 的晶振，计算得出的 T1 的计数初值不是一个整数，这样产生的波特率便会产生误差，影响串行通信的性能。通常采用 11.0592MHz，用它计算出 T1 定时初值总是整数，可以产生非常准确的波特率。表 7-4 列出了采用 11.0592MHz 的晶振、串口方式 1、定时器 1 方式 2 时，常用波特率对应的 TH1 中所装入的初值。

表 7-4　常用波特率初值表

TH1	PCON	波 特 率
0xE8	0x00	1200
	0x80	2400
0xF4	0x00	2400
	0x80	4800
0xFA	0x00	4800
	0x80	9600
0xFD	0x00	9600
	0x80	19200

本书配套资料中有一个定时器初值、波特率计算工具，可以方便在任意晶振频率时由波特率计算定时器初值或由定时器初值计算波特率，其界面如图 7-14 所示。

图 7-14　定时器初值、波特率计算工具

小贴士

只有定时器 T1 才可以作波特率发生器，定时器 T0 不能作为波特率发生器，对于增强型的 52 子系列单片机，如 AT89S52 中增加了一个定时器 T2，也可以作为波特率发生器。

4．串行口的工作方式

MCS-51 单片机共有 4 种工作方式。通常单片机与单片机串口通信、单片机与计算机串口通信、计算机与计算机串口通信时，基本都使用方式 1，因此，对方式 1 大家做重点掌握。

（1）方式 0

串行口工作于方式 0 时，串行口本身相当于"并入串出"（发送状态）或"串入并出"（接收状态）的移位寄存器。8 位串行数据 D0～D7（低位在前）依次从 RDX（P3.0）引脚输出或输入，同步移位脉冲信号由 TXD（P3.1）引脚输出，波特率为系统时钟频率 f_{osc} 的 12 分频，不可改变。

（2）方式 1

串行口工作于方式 1 时为波特率可变的 10 位异步通信接口。数据由 RXD（P3.0）引脚接收，TXD（P3.1）引脚发送。发送或接收一帧信息包括 1 位起始位（固定为 0）、8 位串行数据（低位在前、高位在后）和 1 位停止位（固定为 1）共 10 位，一帧数据格式如图 7-15 所示。波特率与定时器 T1（或 T2）溢出率、SMOD 位有关（可变）。

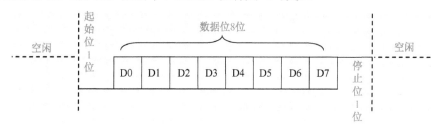

图 7-15 串行口方式 1 传送数据格式

方式 1 的发送过程如下：

在 TI 为 0 的情况下（表示串行口发送控制电路处于空闲状态），任何写串行发送缓冲器 SBUF 指令（如 SBUF=0x30;）均会触发串行发送过程。当 8 位数据发送结束后（开始发送停止位）时，串行口自动将发送结束标志 TI 置"1"，表示发送缓冲区内容已发送完毕。这样执行了写 SBUF 寄存器操作后，可通过查询 TI 标志来确定发送过程是否已完成。如果中断处于开放状态下，TI 有效时，将产生串行中断。

方式 1 的接收过程如下：

在接收中断标志 RI 为 0（串行接收缓冲器 SBUF 处于空闲状态）的情况下，当寄存器 SCON 的 REN 位为 1 时，串行口即处于接收状态。在接收状态下，串行口便不断检测 RXD 引脚的电平状态，当发现 RXD 引脚由高电平变为低电平后，表示发送端开始发送起始位（0），启动接收过程。当接收完一帧信息（接收到停止位）后，便将"接收移位寄存器"中的内容装入串行接收缓冲器 SBUF 中，停止位装入 SCON 寄存器的 RB8 位中，并将串行接收中断标志 RI 置"1"，向 CPU 请求中断，可以在中断服务子函数中将接收到的数据从串行接收缓冲器 SBUF 中取走（如指令 a=SBUF;）。

小贴士

在 CPU 响应串行中断后，需要通过判断是 TI=1 还是 RI=1 来确定是发送数据引起的中断还是接收数据引起的中断。不过值得注意的是，CPU 响应串行中断后，不会自动清除 TI 和 RI，均需通过软件将 TI 或 RI 清"0"。

（3）方式 2、3

方式 2、3 都是 11 位异步串行通信口。TXD（P3.1）为数据发送引脚，RXD（P3.0）为数据接收引脚。在这两种方式下，起始位 1 位，数据 9 位（其中含 1 位附加的第 9 位，发送时为 SCON 中的 TB8，接收时为 RB8），停止位 1 位，一帧数据为 11 位。

方式 2、3 的唯一区别是方式 2 的波特率固定为时钟频率的 32 分频或 64 分频，不可调。而方式 3 的波特率与 T1（或 T2）定时器的溢出率、电源控制寄存器 PCON 的 SMOD 位有关，可调。选择不同的初值或晶振频率，即可获得常用的波特率，因此方式 3 较常用。

知识巩固与技能训练

1．数据通信有哪两种基本方式？各有何优缺点？

2．MCS-51 单片机串行口有哪几种工作方式？

3．串行口工作在方式 0 时，哪个引脚用于发送数据？哪个引脚用于接收数据？串行口工作在方式 1～3 时，哪个引脚用于发送数据？哪个引脚用于接收数据？

4．在双机通信系统中，将接在甲机的按键改接在乙机的 P3.7 脚，编写程序实现：当按下按键时，向甲机发送一个数据，甲机收到该数据后马上再发送给乙机，表示收到，乙机收到回送的数据后在数码管上显示。

单片机综合技能应用

知识目标

1. 掌握 ADC0809 各引脚的名称、功能及和单片机的接口电路
2. 了解 DS18B20 的字节定义、ROM 命令和 RAM 命令
3. 掌握 DS18B20 的读写过程
4. 了解 DS1302 的引脚、控制字和寄存器
5. 掌握 DS1302 的读写过程

技能目标

1. 掌握 ADC0809 的编程
2. 会编写 DS18B20 读写程序
3. 会编写 DS1302 的读写程序
4. 了解公历转农历的基本原理

技能应用一　用 ADC0809 设计数字电压表

数字电压表显示直观、测量精度高，是当前电工、电子、仪器仪表和测量领域广泛使用的一种基本测量工具。

一、实例分析

数字电压表是测量直流模拟电压的测量工具，实际就是将被测模拟电压信号送给单片机，由单片机经过处理后以数字的形式显示出来。

由于单片机只能接收数字信号，要想测量模拟电压，则需要先对模拟电压进行模/数转换。因此本实例中的数字电压表的测量过程是将被测模拟电压信号转换成数字信号，输入到单片机，单片机对该数字信号进行处理，换算成对应的模拟电压值，并在数码管上显示。

二、仿真电路设计

本实例中的数字电压表主要由 A/D（模/数）转换电路、单片机最小应用系统和数码管显示电路三部分组成，电路图如图 8-1 所示。

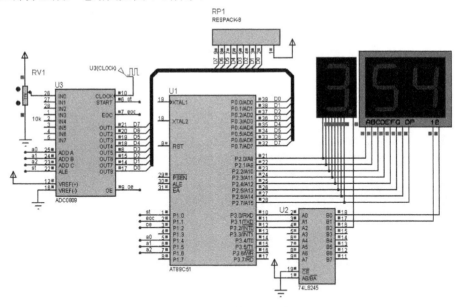

图 8-1　数字电压表电路

电路中的 ADC0809 是美国国家半导体公司生产的 CMOS 工艺 8 通道，8 位逐次逼近式 A/D 转换器。其内部有一个 8 通道多路开关，它可以根据地址码锁存译码后的信号，选通 8 路模拟输入信号中的一个进行 A/D 转换。ADC0809 是目前国内应用最广泛的 8 位通用 A/D 芯片，但 Proteus 中的 ADC0809 没有仿真模型，无法仿真，本实例使用 ADC0808 代替 ADC0809。ADC0808 是 ADC0809 的简化版本，功能基本相同。一般在硬件仿真时采用 ADC0808 进行 A/D 转换，实际使用时采用 ADC0809 进行 A/D 转换。下面对 ADC0809 作简单介绍。

ADC0809 的内部逻辑结构框图如图 8-2 所示。它由 8 路模拟开关及地址锁存与译码器、8

位 A/D 转换器和三态输出锁存器三大部分组成。

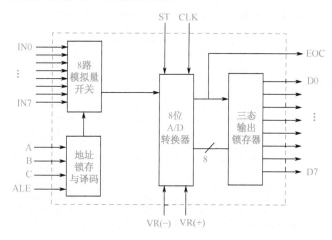

图 8-2 ADC0809 内部结构

8 位模拟开关用于锁存 8 路的输入模拟电压信号，且在地址锁存与译码器作用下切换 8 路输入信号，选择其中一路与 A/D 转换器接通。地址锁存与译码器在 ALE 信号的作用下锁存 A、B、C 上的 3 位地址信息，经过译码通知 8 路模拟开关选择通道。ADC0809 通道选择表，如表 8-1 所示。

表 8-1 ADC0809 通道选择表

C	B	A	选择的通道
0	0	0	IN0
0	0	1	IN1
0	1	0	IN2
0	1	1	IN3
1	0	0	IN4
1	0	1	IN5
1	1	0	IN6
1	1	1	IN7

8 位 A/D 转换器用于将输入的模拟量转换为数字量，A/D 转换由 START 信号启动控制，转换结束后控制电路将转换结果送入三态输出锁存器锁存，并产生 EOC 信号。

三态输出锁存器用于锁存 A/D 转换的数字量结果。在 OE 低电平时，数据被锁存，输出为高阻态；当 OE 为高电平时，可以从三态输出锁存器读出转换的数字量。

ADC0809 芯片采用双列直插式封装，共有 28 引脚，引脚排列如图 8-3 所示。各引脚的功能如下。

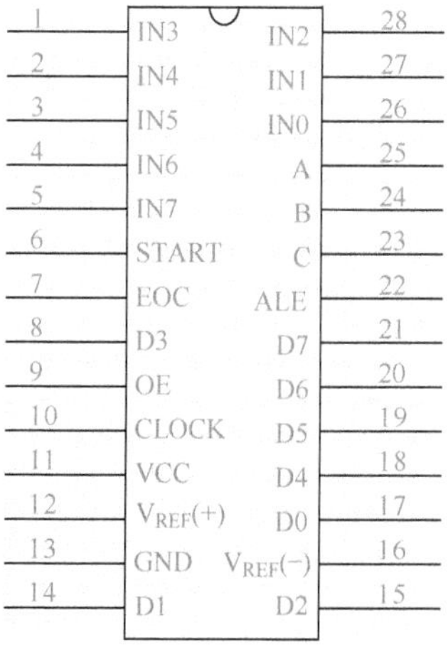

① IN7～IN0：模拟量输入通道。ADC0809 对输入模拟量的要求主要有：信号为单极性，电压范围 0～5V，如果信号输入过小还必须放大。同时，模拟量输入在 A/D 转换过程中其值应保持不变，而对变化速度较快的模拟量，在输入前应当外加采样保持

图 8-3 ADC0809 的引脚图

电路。

② D7～D0：转换结果输出端。该输出端为三态缓冲输出形式，可以和单片机的数据线直接相连。

③ A、B、C：模拟通道地址线。A 为低位，C 为高位，用于选择模拟通道。其地址状态与通道相对应的关系如表 8-1 所示。

④ ALE：地址锁存控制信号。当 ALE 为高电平时，A、B、C 地址状态送入地址锁存器中，选定模拟输入通道。

⑤ START：启动转换信号。在 START 上跳沿时，所有内部寄存器清零；START 下跳沿时，启动 A/D 转换；在 A/D 转换期间，START 应保持低电平。

⑥ CLOCK：时钟信号。ADC0809 的内部没有时钟电路，所需要的时钟信号由外部提供，通常使用频率为 500kHz 的时钟信号，最高频率为 1280kHz。

⑦ EOC：A/D 转换结束状态信号。EOC=0，表示正在进行转换；EOC=1，表示转换结束。该状态信号既可供查询使用，又可作为中断请求信号使用。

⑧ OE：输出允许信号。OE=1 时，控制三态输出锁存器将转换结果输出到数据总线。

⑨ V_{REF}（+）、V_{REF}（−）：正负基准电压。通常 V_{REF}（+）接 VCC，V_{REF}（−）接 GND。当精度要求较高时需要另接高精度电源。

三、程序设计

ADC0809 的工作过程如下。

（1）首先确定 A、B、C 三位地址，从而选择模拟信号由哪一路输入。

（2）ALE 端接收正脉冲信号，使该路模拟信号进入转换器的输入端。

（3）START 端接收正脉冲信号，START 的上升沿将逐次逼近寄存器复位，下降沿启动 A/D 转换。

（4）EOC 输出信号变低，表示转换正在进行。

（5）A/D 转换结束，EOC 变为高电平，标志 A/D 转换结束。此时，数据已保存到 8 位三态输出锁存器中。CPU 可以通过使 OE 信号为高电平，打开 ADC0809 三态输出，将转换后的数字量读入到单片机。

数字电压表程序流程图如图 8-4 所示。电压数据处理程序主要完成将 A/D 转换后的数字信号换算为电压值，换算公式为 $D÷255×V_{REF}$。

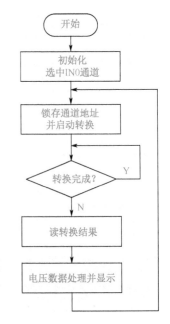

图 8-4 数字电压表程序流程图

数字电压表参考程序如下：

```c
#include <reg52.h>
#define uint unsigned int
#define uchar unsigned char
sbit st= P1^0;
sbit eoc= P1^1;
sbit oe= P1^2;
unsigned int a;
```

```
unsigned char code seg[]={0xc0,0xf9,0xa4,0xb0,0x99,0x92,0x82,0xf8,0x80,0x90};
void delay(unsigned int j)
{
    while(j--);
}
display()
{
    unsigned char i,wk=0x01;        //wk 变量作位控,初始选通右边第 1 位
    unsigned char buf[3];           //声明数码管显示字形缓冲数组
    buf[0]=seg[a%10];               //a 的个位
    buf[1]=seg[a/10%10];            //a 的十位
    buf[2]=seg[a/100];              //a 的百位,小于 999 时可以不对 10 取余
    for (i=0;i<3;i++)
    {
        P3=wk;                      //输出位控
        P2=buf[i];                  //依次输出段码
        delay(100);                 //延时
        wk=wk<<1;                   //位控左移一位
        P2=0xff;                    //熄灭所有数码管（消隐）
        P3=0x04;
        P2=0x7f;
        delay(100);
        P2=0xff;
    }
}
int main()
{
    P1=0x8f;                        //A、B、C 三位地址为 0,选中通道 1
    while(1)
    {
        st=0;
        st=1;                       //上跳变,锁存通道并启动转换
        delay(1);
        st=0;
        while(eoc==0);              //等待转换
        oe=1;
        P0=0xff;
        a=P0;
        a=(a*100)/51;               //换算成电压值（扩大 100 倍）
        display();
        oe=0;
    }
}
```

小贴士

为了避免小数的运算，这里使用了一个小技巧，就是把经过换算得到的电压值扩大 100 倍，显示时将显示百位数的数码管的小数点同时点亮。

技能应用二　用 DS18B20 和 DS1302 设计 电子万年历

电子万年历是采用独立芯片控制内部数据运行，以 LED 数码显示日期、时间、星期、节气倒计时，以及温度等日常信息，融合了多项先进电子技术及现代经典工艺打造的现代数码计时产品。

一、实例分析

本实例共使用 24 位数码管显示公历和农历的日期、星期、温度和时间。为了简化电路，温度测量采用数字温度传感器 DS18B20。DS1302 可以对年、月、日、周、时、分、秒进行计时，具有闰年补偿功能和后备电源引脚，在掉电的情况下也可以正常计时，并且不占用 CPU 资源，本实例采用 DS1302 作为计时电路。

二、仿真电路设计

用 DS18B20 和 DS1302 设计的电子万年历电路图如图 8-5 所示。其中上面 8 位数码管分别显示时、分、秒，中间 8 位数码管的左边 4 位显示农历日期，右边第 1 位显示星期，右边 2 位、3 位显示温度，下面 8 位数码管显示公历 4 位年份及日期。

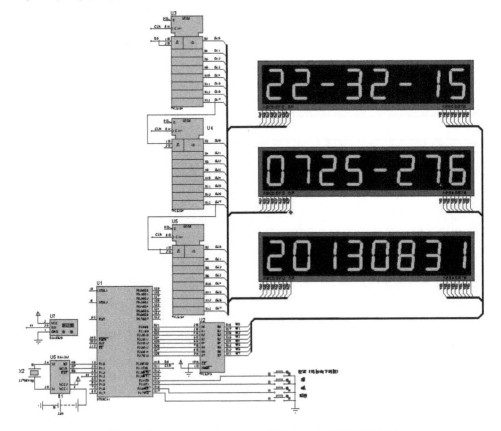

图 8-5　用 DS18B20 和 DS1302 设计的电子万年历电路图

该电路较为复杂，主要包括三个方面：一是多位数码管的级联；二是数字温度传感器 DS18B20；三是实时时钟芯片 DS1302。下面分别说明。

1. 多位数码管的级联

本实例共用到 24 位数码管，这就要考虑多位数码管的级联问题。多位数码管的级联方法很多，比如锁存器分时复用、移位寄存器等，本电路中使用 8 位串入并出移位寄存器 74LS164 结合动态扫描的方法。单片机 P3.0 为串行数据输出端，P3.1 为移位脉冲输出端，整个显示过程为：先由数码管的位控端 P2 口输出全 0，熄灭所有的数码管，接着再由单片机以串行传输的方式输出 3 位数字（共 24 位）的段码，在 24 个移位脉冲的作用下，分别由三片 74LS164 并行输出，其中第 1 个数字由 U5 输出，第 2 个数字由 U4 输出，第 3 个数字由 U3 输出，然后再由 P2 口输出位控 0x01 点亮右边第 1 列的 3 位数码管，经过延时后完成第 1 列 3 位数码管的扫描显示。按照同样的方法再扫描第 2 列的 3 位数码管、第 3 列的 3 位数码管，直到扫描完 8 列共 24 位数码管，再进行下一轮的循环。读者可以将每一列的扫描时间延长来观察扫描过程。

2. 数字温度传感器 DS18B20

（1）DS18B20 概述

DALLAS 半导体公司的数字化温度传感器 DS18B20 是世界上第一片支持"一线总线"接口的温度传感器。一线总线独特而且经济的特点，使用户可轻松地组建传感器网络。测量温度范围为−55～+125℃。现场温度直接以"一线总线"的数字方式传输，大大提高了系统的抗干扰性，适合于恶劣环境的现场温度测量，支持 3～5.5V 的电压范围，使系统设计更灵活、方便。DS18B20 可以程序设定 9~12 位的分辨率，精度为±0.5℃。分辨率设定，及用户设定的报警温度存储在 EEPROM 中，掉电后依然保存。DS18B20 的性能是新一代产品中最好的，性能价格比也非常出色。DS18B20 使电压、特性及封装有更多的选择，让我们可以构建适合自己的经济的测温系统。DS18B20 的引脚及底视图如图 8-6 所示。

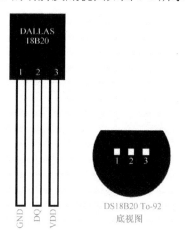

图 8-6　DS18B20 引脚及底视图

① GND：地信号。

② DQ：数据输入/输出引脚。单总线接口引脚。当工作于寄生电源时，也可以向器件提供电源。

③ VDD：可选择的 VDD 引脚。当工作于寄生电源时，引脚必须要接地。

DS18B20 的性能特点如下：

- ➢ 只要求 1 根口线即可实现通信。
- ➢ 在 DS18B20 中的每个器件上都有独一无二的序列号。
- ➢ 实际应用中不需要外部任何元器件即可实现测温。
- ➢ 测量温度范围在 −55～+125℃之间。
- ➢ 数字温度计的分辨率用户可以从 9～12 位选择。
- ➢ 内部有温度上、下限告警设置。

（2）DS18B20 的内部结构

DS18B20 内部结构如图 8-7 所示，主要由五部分组成：64 位光刻 ROM、高速缓存、温度传感器、非挥发的温度报警触发器 TH 和 TL、配置寄存器。

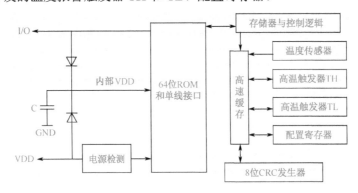

图 8-7   DS18B20 内部结构图

① 64 位光刻 ROM。

光刻 ROM 中的 64 位序列号是出厂前被光刻好的，它可以看做是该 DS18B20 的地址序列码。64 位光刻 ROM 的排列是：开始 8 位（28H）是产品类型标号，接着的 48 位是该 DS18B20 自身的唯一序列号，最后 8 位是前面 56 位的循环冗余校验码（CRC）。光刻 ROM 的作用是使每一个 DS18B20 都各不相同，这样就可以实现一根总线上挂接多个 DS18B20 的目的。

② 高速暂存存储器。

高速暂存存储器包含了 9 个连续字节，如表 8-2 所示。前两个字节存放测得的温度值，第 1 个字节的内容是温度的低 8 位，第 2 个字节是温度的高 8 位。第 3 个和第 4 个字节是 TH、TL 的易失性拷贝，第 5 个字节是结构寄存器的易失性拷贝，这 3 个字节的内容在每一次上电复位时被刷新，第 6，7，8 个字节用于内部计算。第 9 个字节是冗余检验字节，是前面所有 8 个字节的 CRC 码，可用来保证通信正确。

表 8-2   DS18B20 字节定义

寄存器内容	字 节 地 址
温度低字节	0
温度高字节	1
高温限制	2
低温限制	3
保留	4
保留	5
计数剩余值	6
每度计数值	7
CRC 校验	8

而配置寄存器为高速暂存器中的第 5 个字节，它的内容用于确定温度值的数字转换分辨率，DS18B20 工作时按此寄存器中的分辨率将温度转换为相应精度的数值。该字节各位的定义如下：

TM	R1	R0	1	1	1	1	1

低 5 位一直都是 1，TM 是测试模式位，用于设置 DS18B20 是在工作模式还是在测试模式。在 DS18B20 出厂时该位被设置为 0，用户不要去改动，R1 和 R0 决定温度转换的精度位数，即是来设置分辨率，如表 8-3 所示（DS18B20 出厂时被设置为 12 位）。

表 8-3　温度转换精度位数及时间表

R1	R0	分辨率	温度最大转换时间/ms
0	0	9 位	93.75
0	1	10 位	187.5
1	0	11 位	275.0
1	1	12 位	750.0

由表可见，设定的分辨率越高，所需要的温度数据转换时间就越长。因此，在实际应用中要在分辨率和转换时间权衡考虑。

③ 温度传感器。

DS18B20 中的温度传感器可完成对温度的测量，以 12 位转化为例：用 16 位符号扩展的二进制补码形式提供，以 0.0625℃/LSB 形式表达，其中 S 为符号位，如表 8-4 所示。

表 8-4　12 位转化的数据位

	Bit7	Bit6	Bit5	Bit4	Bit3	Bit2	Bit1	Bit0
低 字 节	2^3	2^2	2^1	2^0	2^{-1}	2^{-2}	2^{-3}	2^{-4}
	Bit15	Bit14	Bit13	Bit12	Bit11	Bit10	Bit9	Bit8
高 字 节	S	S	S	S	S	2^6	2^5	2^4

这是 12 位转化后得到的 12 位数据，存储在高速 RAM 的前两个字节中，二进制中的前面 5 位是符号位，如果测得的温度大于 0，这 5 位为 0，只要将测到的数值乘以 0.0625 即可得到实际温度；如果温度小于 0，这 5 位为 1，测到的数值需要取反加 1 再乘以 0.0625 即可得到实际温度。

④ CRC 的产生。

在 64 位 ROM 的最高有效字节中存储有循环冗余校验码（CRC）。主机根据 ROM 的前 56 位来计算 CRC 值，并和存入 DS18B20 中的 CRC 值做比较，以判断主机收到的 ROM 数据是否正确。

（3）DS18B20 与单片机的典型接口电路

DS18B20 与单片机的典型接口电路如图 8-8 所示，DS18B20 的正电源 3 脚接+5V，1 脚接地，2 脚接 I/O 口，3 脚和 2 脚之间接一个 4.7kΩ 的上拉电阻。

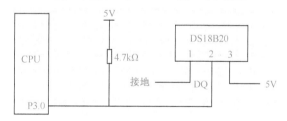

图 8-8　DS18B20 与单片机接口电路

（4）DS18B20 的软件编程

根据 DS18B20 的通信协议，对 DS18B20 进行操作必须经过三个步骤：复位、发送 ROM 操作命令、发送 RAM 操作命令。

① 复位。

单片机发出复位脉冲，紧跟其后接收 DS18B20 发出的存在脉冲，收到的存在脉冲表明 DS18B20 已准备好进行发送和接收数据，单片机可以发送所要求的 ROM 操作命令和 RAM 操作命令。

② 发送 ROM 操作命令。

对于只存在单个 DS18B20 芯片，执行跳过命令操作，对于多个芯片则必须进行读 ROM、搜索 ROM、匹配 ROM 等命令操作。ROM 操作命令如表 8-5 所示。

表 8-5 DS18B20 的 ROM 操作命令表

命 令	命 令 代 码	功 能 简 介
读 ROM	0x33	读 DS18B20 的 ROM 中的编码（即 64 位地址）
ROM 匹配	0x55	CPU 通过数据总线读出 DS18B20 的 ROM 代码，以通知该器件准备工作
跳过 ROM	0xcc	忽略 64 位 ROM 地址，直接向 DS18B20 发送温度转换命令，适用于单片工作
搜索 ROM	0xf0	当数据总线上有多个 DS18B20 时，可通过该命令搜索各个器件的 ROM
报警搜索命令	0xec	判断温度是否超界

③ 发送 RAM 操作命令。

RAM 操作命令主要有启动温度转换、读出存储器中的温度值、写存储器等命令操作。RAM 操作命令如表 8-6 所示。

表 8-6 DS18B20 的 RAM 操作命令表

命 令	命 令 代 码	功 能 简 介
温度转换	0x44	启动 DS18B20 开始温度转换
读存储器	0xbe	读出存储器中的温度值
写入存储器	0x4e	将 TH 和 TL 值输入存储器中
复制存储器	0x48	将存储器中的值复制进计算机中
读电源状态	0xb4	判断电源工作方式
读 TH 和 TL	0xb8	读出存储器中的 TH 和 TL 值

（5）DS18B20 的时序

由于 DS18B20 采用的是"一总线"协议方式，即在一根数据线实现数据的双向传输，而对 AT89S51 单片机来说，硬件上并不支持单总线协议，因此，我们必须采用软件的方法来模拟单总线的协议时序以完成对 DS18B20 芯片的访问。

由于 DS18B20 是在一根 I/O 线上读写数据，因此，对读写的数据位有着严格的时序要求。DS18B20 通过严格的通信协议来保证各位数据传输的正确性和完整性。该协议定义了几种信号的时序：初始化时序、读时序、写时序。所有时序都是将主机作为主设备，单总线器件作为从设备。而每一次命令和数据的传输都是从主机主动启动写时序开始，如果要求单总线器件回送数据，在进行写命令后，主机需启动读时序完成数据接收。数据和命令的传输都是低位在先。

① DS18B20 的复位时序。

初始化时序包括主机发送的复位脉冲和器件向主机返回的存在脉冲。主机总线最小发出

480μs 的低电平复位脉冲，接着释放总线并进入接收状态，器件在接收到总线的电平上升沿后，等待 15～60μs 后发出 60～240μs 的低电平存在脉冲信号，表明 DS18B20 存在，如图 8-9 所示。

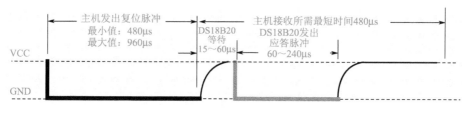

图 8-9　DS18B20 复位时序图

② DS18B20 的读时序。

DS18B20 的读时序分为读 0 时序和读 1 时序两个过程。对于 DS18B20 的读时序是从主机把单总线拉低之后，在 15s 之内就得释放单总线，以让 DS18B20 把数据传输到单总线上。DS18B20 在完成一个读时序过程，至少需要 60μs 才能完成。DS18B20 的读时序如图 8-10 所示。

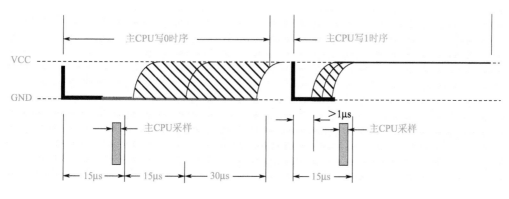

图 8-10　DS18B20 的读时序图

③ DS18B20 的写时序。

对于 DS18B20 的写时序仍然分为写 0 时序和写 1 时序两个过程。对于 DS18B20 写 0 时序和写 1 时序的要求不同，当要写 0 时序时，单总线要被拉低至少 60μs，保证 DS18B20 能够在 15～45μs 之间正确地采样 I/O 总线上的"0"电平，当要写 1 时序时，单总线被拉低之后，在 15μs 之内就得释放单总线。DS18B20 的写时序如图 8-11 所示。

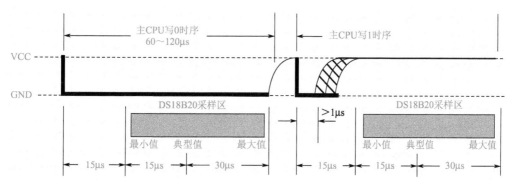

图 8-11　DS18B20 的写时序图

3. 实时时钟芯片 DS1302

现在流行的串行时钟芯片很多，如 DS1302、 DS1307、PCF8485 等。这些芯片的接口简单、价格低廉、使用方便，被广泛地采用。本实例使用的实时时钟芯片 DS1302 是 DALLAS 公司的一种具有涓细电流充电能力的电路，主要特点是采用串行数据传输，可为掉电保护电源提供可编程的充电功能，并且可以关闭充电功能。采用普通 32.768kHz 晶振。

DS1302 是美国 DALLAS 公司推出的一种高性能、低功耗、带 RAM 的实时时钟电路，它可以对年、月、日、周、时、分、秒进行计时，具有闰年补偿功能，工作电压为 2.5～5.5V。

采用三线接口与 CPU 进行同步通信，并可采用突发方式一次传送多个字节的时钟信号或 RAM 数据。DS1302 内部有一个 31×8 的用于临时性存放数据的 RAM 寄存器，同时提供了对后备电源进行涓细电流充电的能力。

图 8-12　DS1302 外部引脚分配

（1）DS1302 的引脚与功能。

DS1302 引脚如图 8-12 所示。

DS1302 各引脚功能如表 8-7 所示。

表 8-7　DS1302 各引脚功能

引 脚 号	引 脚 名 称	功 能
1	VCC2	主电源
2,3	X1，X2	振荡源，外接 32.768kHz 晶振
4	$\overline{GND}$	接地
5	$\overline{RST}$	复位/片选端
6	I/O	串行数据输入/输出（双向）
7	SCLK	串行时钟输入端
8	VCC1	备用电源

其中，$\overline{RST}$ 是复位/片选线，通过把 $\overline{RST}$ 输入驱动置高电平来启动所有的数据传送。$\overline{RST}$ 输入有两种功能：首先，$\overline{RST}$ 接通控制逻辑，允许地址/命令序列送入移位寄存器；其次，$\overline{RST}$ 提供终止单字节或多字节数据传送的方法。当 $\overline{RST}$ 为高电平时，所有的数据传送被初始化，允许对 DS1302 进行操作。如果在传送过程中 $\overline{RST}$ 置为低电平，则会终止此次数据传送，I/O 引脚变为高阻态。上电运行时，在 $V_{CC}>2.5V$ 之前，$\overline{RST}$ 必须保持低电平。只有在 SCLK 为低电平时，才能将 $\overline{RST}$ 置为高电平。

（2）DS1302 的控制命令字节

在与 DS1302 通信之前，首先要了解 DS1302 的控制命令字节。DS1302 的控制字如表 8-8 所示。

表 8-8　DS1302 控制字

7	6	5	4	3	2	1	0
1	RAM/CK	A4	A3	A2	A1	A0	RD/WR

控制字的最高有效位（位 7）必须是逻辑 1，如果它为 0，则不能把数据写入到 DS1302 中。

位 6：为 0，表示存取日历时钟数据；为 1 表示存取 RAM 数据，RAM 共 31 个存储单元，每个单元为一个 8 位的字节，其命令控制字为 C0H～FDH，其中奇数为读操作，偶数为写操作。

位 5～位 1（A4～A0）：指定操作单元的地址。

位 0（最低有效位）：为 0，表示写操作，为 1，表示读操作。

控制字节总是从最低位开始输出。在控制指令字输入后的下一个 SCLK 时钟的上升沿时，数据被写入 DS1302，数据输入从低位即位 0 开始。同样，在紧跟 8 位的控制指令字后的下一个 SCLK 脉冲的下降沿读出 DS1302 的数据，读出数据时也是从低位到高位。

（3）DS1302 的寄存器

DS1302 有 12 个寄存器，其中 7 个寄存器与日历、时钟相关，存放的数据为 BCD 码形式。此外，DS1302 还有控制寄存器、充电寄存器、时钟突发寄存器及与 RAM 相关的寄存器。时钟突发寄存器可一次性读写除充电寄存器外的所有寄存器内容。表 8-9 为主要寄存器对应的命令字、取值范围以及各位内容对照表。

表 8-9　DS1302 主要寄存器的命令字、取值范围及各位内容

寄存器名	命令字		取值范围	各位内容				
	写	读		7	6	5	4	3～0
秒寄存器	80H	81H	00～59	CH	秒十位			秒个位
分寄存器	82H	83H	00～59	0	分十位			分个位
时寄存器	84H	85H	00～12 00～23	12/24	0	10/AP		时个位
日寄存器	86H	87H	01～28, 29,30,31	0	0	日十位		日个位
月寄存器	88H	89H	01～12	0	0	0	月十位	月个位
星期寄存器	8AH	8BH	01～07	0	0	0	0	星期
年寄存器	8CH	8DH	01～99	年十位				年个位
写保护寄存器	8EH	8FH		WP	0	0	0	0
慢充电寄存器	90H	91H		TCS	TCS	TCS	TCS	DS DS RS RS
时钟突发寄存器	BEH	BFH						

例如要读取秒寄存器的值，需要先向 DS1302 写入命令字 0x81，然后从 DS1302 读取的数据即为秒寄存器的值，其他同理。

其中有些特殊位说明如下。

① CH：时钟暂停位，设置为 1 时，振荡器停振，DS1302 处于低功耗状态；设置为 0 时，时钟开始启动。

② 12/24：12 或 24 小时方式选择位，为 1 时选择 12 小时方式。在 12 小时方式下，位 5 是 AM/PM 选择位，此位为 1 时表示 PM。在 24 小时方式下，位 5 是第 2 个小时位（20～23 时）。

③ WP：写保护位，在对时钟或 RAM 进行写操作之前，WP 位必须为 0，当设置为高电平时，为写保护状态，可防止对其他任何寄存器进行写操作。

④ TCS：控制慢充电的选择，为了防止偶然因素使 DS1302 充电方式工作，只有 1010 模式才能使慢充电工作。

⑤ DS：二极管选择位。如果 DS 为 01，那么选择一个二极管；如果 DS 为 10，则选择两个二极管。如果 DS 为 00 或 11，那么充电器被禁止，与 TCS 无关。

⑥ RS：选择连接在 VCC2 与 VCC1 之间的电阻，如果 RS 为 00，那么充电被禁止，与 TCS 无关。

三、程序设计

用 DS18B20 和 DS1302 设计电子万年历的程序较为复杂，我们可以将其分解为以下几个部分：显示子函数、DS1302 子函数、DS18B20 子函数，另外还有按键调整子函数、计算星期子函数和公历转农历子函数等。下面重点说明 DS18B20 子函数、DS1302 子函数和公历转农历子函数，其他子函数可以参看后面的源程序。

1. DS18B20 子函数

DS18B20 子函数完成的工作是启动 DS18B20 进行温度转换，读取转换结果并计算出所对应的温度值。程序流程图如图 8-13 所示。

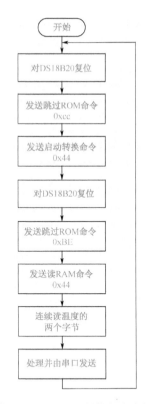

图 8-13　DS18B20 操作程序流程图

DS18B20 子函数参考程序如下：

```c
init1820()                      //对 DS18B20 复位子函数
{
    dq=1;
    delay(8);
    dq=0;
    delay(80);
    dq=1;
    delay(15);
}
write_B(unsigned char f)         //写 DS18B20
{
    unsigned char i;
    for(i=0;i<8;i++)
    {
        dq=0;
        dq=f&0x01;
        delay(10);
        dq=1;
        f>>=1;
    }
}
unsigned char read_B()           //读 DS18B20
{
```

```
        unsigned char i,b;
        for(i=0;i<8;i++)
        {
            dq=0;
            b>>=1;
            dq=1;
            if(dq)
            {
                b=b|0x80;
            }
            delay(10);
        }
        return(b);
}
void dq1820()
{
        unsigned char c1,c2;
        init1820();                     //对 DS18B20 复位
        write_B(0xcc);                  //跳过 ROM
        write_B(0x44);                  //启动温度转换
        init1820();                     //对 DS18B20 复位
        write_B(0xcc);                  //跳过 ROM
        write_B(0xbe);                  //读 RAM 命令
        c1=read_B();                    //读温度的低字节
        c2=read_B();                    //读温度的高字节
//      xs=c1&0x0f;                     //低字节的低 4 位为小数部分
        c1=c1>>4;                       //低字节的高 4 位和
        c2=c2<<4;                       //高字节的低 4 位
        wd=c2|c1;                       //合起来为温度的整数部分
        wd=c2|c1;
//      k=xs*625;                       //乘以 0.0625 为温度值，这里扩大 10000 倍
}
```

2. DS1302 子函数

对于 DS1302 的读写操作均可以分解为两个步骤，读操作时，可分解为先向 DS1302 写入命令字，然后再从 DS1302 读取数据两个步骤；同样写操作分为先向 DS1302 写入命令字，然后再向 DS1302 写入数据两个步骤。这里共用到 3 个操作：写命令、写数据、读数据，其中写命令和写数据可以合为一个带参数的写函数，所以只需要两个操作就可以了，这两个操作对应的 C 语言程序如下：

```
//DS1302 写入函数，da 为写入的命令或数据
wr1302(uchar da)
{
        uchar i;
        for (i=0;i<8;i++)
        {
            sclk=0;
            sdat=da&0x01;
            sclk=1;
            da>>=1;
```

```
    }
}
//DS1302 读数据函数，da 返回值为读取的数据
uchar rd1302()
{
    uchar i,da=0;
    for (i=0;i<8;i++)
    {
        da=da>>1;
        sclk=1;
        sclk=0;
        if (sdat)
        {
            da|=0x80;
        }
    }
    return(da);
}
```

DS1302 的写入与读取函数确定后，就可以通过其组合完成对指定地址写数据和从指定地址读取数据了。

```
//向指定地址写数据，cmd 为指定地址，da 为写入的数据
wrByte(uchar cmd,uchar da)
{
    rst=0;
    sclk=0;
    rst=1;
    wr1302(cmd);
    wr1302(da);
    rst=0;
}
//从指定地址读数据，cmd 为指定地址，da 返回值为读取的数据
rdByte(uchar cmd)
{
    uchar da=0;
    rst=0;
    sclk=0;
    rst=1;
    wr1302(cmd);
    da=rd1302();
    sclk=1;
    rst=0;
    return(da);
}
```

3. 公历到农历的转换

公历是世界通用的历法，以地球绕太阳一周为一年，一年 365 天 5 小时 48 分 46 秒，所以每 4 年有一个闰年，每 400 年要减去 3 个闰年。

农历与公历不同，农历把月亮绕地球一周作为一天，因为月亮绕地球一周不是公历的一

整天，所以农历把月分为大月和小月，大月 30 天小月 29 天，通过设置大小月使农历日始终和月亮与地球的位置相对应，为了使农历的年份与公历年份相对应，农历通过设置闰月使它的平均长度和公历年相等。

农历是中国传统文化的代表之一并与农业生产联系密切，农历的计算十分复杂且每年都不一样，因此要用单片机实现公历与农历的转换用查表法是最简单可行的办法。

查表法可以实现公历到农历的转换，按日查表的速度最快，但按日查表不但需要占用极大的程序空间，而且 51 单片机寻址能力也达不到。本实例采用按年查表的方法，再通过适当的计算来确定公历日所对应的农历日期，这样可以最大限度地减小表格所占用的程序空间，而我们要解决的问题有两个：一是表格格式，二是计算公历日对应的农历日的方法。

（1）表格格式

按年查表的方法中，表格中每年的信息只需要 3 个字节数据，农历年信息格式及 2013 年对应信息如图 8-14 所示。

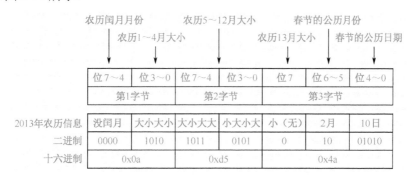

图 8-14　农历年信息格式及 2013 年对应信息

对农历来说，大月为 30 天，小月为 29 天，这是固定不变的，这样可以用一位二进制数表示大小月信息，由于农历一年可能有闰月，这时一年有 13 个月，也可能没有闰月，这时一年有 12 个月，所以第 1 字节的低 4 位、第 2 字节及第 3 字节的位 7 共 13 位表示 13 个月的大小月信息。同时如有闰月还要指定哪个月是闰月，第 1 字节的高 4 位表示闰月的月份，如果没有闰月则为 0000。有了以上信息还不能确定公历日对应的农历日，因为还需要一个参照日，我们选用农历正月初一（春节）所对应的公历日作为参照日，春节所在的月份不是 1 月就是 2 月，所以用第 3 字节的位 6 和位 5 的值直接表示春节所在的月份，春节所对应的公历日期范围是 1～31，需要 5 位来表示，第 3 字节的低 5 位的值表示春节对应的公历日。这样一年的农历信息用 3 个字节就全部包括了，我们按照此格式制做出 1901～2099 年的信息表格（即数组），就可以计算出这 200 年内任一天所对应的农历日期。

（2）计算公历日对应农历日的方法

计算公历日对应农历日的方法：先计算出公历日离当年元旦的天数，然后查表取得当年的春节日期，计算出春节离元旦的天数，二者相减即可算出公历日离春节的天数。下面只要根据大小月和闰月信息，减一月天数调整一月农历月份，即可推算出公历日所对应的农历日期。如果公历日不到春节日期，农历年要比公历年小一年，农历大小月取前一年的信息，农历月从 12 月向前推算。

顺便说一下星期的计算。计算公历所对应的星期的方法很多，本实例采用基姆拉尔森计算公式，算法如下：

$$W=(d+2*m+3*(m+1)/5+y+y/4-y/100+y/400)\%7$$

在公式中 *d* 表示日期中的日数，*m* 表示月份数，*y* 表示年数。

注意：在公式中把一月和二月看成是上一年的十三月和十四月，例：如果是 2004-1-10 则换算成：2003-13-10 来代入公式计算。

由于 DS18B20 和 DS1302 设计电子万年历的程序较长，本文仅给出公历到农历转换的子函数，实例的完整程序由本教材的配套资料提供。

公历到农历转换的子函数如下：

```
/*函数功能:输入 BCD 阳历数据,输出 BCD 阴历数据(只允许 1901-2099 年)
调用函数示例:Conversion(c_sun,year_sun,month_sun,day_sun)
如:计算 2013 年 8 月 31 日 Conversion(0,0x13,0x08,0x31);
c_sun,year_sun,month_sun,day_sun 均为 BCD 数据,c_sun 为世纪标志位,c_sun=0 为 21
世纪,c_sun=1 为 19 世纪
调用函数后,原有数据不变,读 c_moon,year_moon,month_moon,day_moon 得出阴历 BCD 数据
*/
void Conversion(bit c,uchar year,uchar month,uchar day)
{               //c=0 为 21 世纪,c=1 为 20 世纪 输入输出数据均为 BCD 数据
    uchar temp1,temp2,temp3,month_p;
    uint temp4,table_addr;
    bit flag2,flag_y;
    //定位数据表地址
    if(c==0){
        table_addr=(year+0x64-1)*0x3;
    }
    else {
        table_addr=(year-1)*0x3;
    }
    //定位数据表地址完成
    //取当年春节所在的公历月份
    temp1=year_code[table_addr+2]&0x60;
    temp1=_cror_(temp1,5);
    //取当年春节所在的公历月份完成
    //取当年春节所在的公历日
    temp2=year_code[table_addr+2]&0x1f;
    //取当年春节所在的公历日完成
    //计算当年春节离当年元旦的天数,春节只会在公历 1 月或 2 月
    if(temp1==0x1){
        temp3=temp2-1;
    }
    else{
        temp3=temp2+0x1f-1;
    }
    // 计算当年春节离当年元旦的天数完成
    //计算公历日离当年元旦的天数,为了减少运算,用了两个表
    //day_code1[9],day_code2[3]
    //如果公历月在九月或前,天数会少于 0xff,用表 day_code1[9],
    //在九月后,天数大于 0xff,用表 day_code2[3]
    //如输入公历日为 8 月 10 日,则公历日离元旦天数为 day_code1[8-1]+10-1
```

```
    //如输入公历日为 11 月 10 日,则公历日离元旦天数为 day_code2[11-10]+10-1
    if (month<10){
        temp4=day_code1[month-1]+day-1;
    }
    else{
        temp4=day_code2[month-10]+day-1;
    }
    if ((month>0x2)&&(year%0x4==0)){   //如果公历月大于 2 月并且该年的 2 月为闰月,
天数加 1
        temp4+=1;
    }
    //计算公历日离当年元旦的天数完成
    //判断公历日在春节前还是春节后
    if (temp4>=temp3){  //公历日在春节后或就是春节当日使用下面代码进行运算
        temp4-=temp3;
        month=0x1;
        month_p=0x1;   //month_p 为月份指向,公历日在春节前或就是春节当日 month_p 指
向首月
        flag2=get_moon_day(month_p,table_addr); //检查该农历月为大月还是小月,大
月返回 1,小月返回 0
        flag_y=0;
        if(flag2==0)temp1=0x1d; //小月 29 天
        else temp1=0x1e; //大月 30 天
        temp2=year_code[table_addr]&0xf0;
        temp2=_cror_(temp2,4);   //从数据表中取该年的闰月月份,如为 0 则该年无闰月
        while(temp4>=temp1){
            temp4-=temp1;
            month_p+=1;
            if(month==temp2){
            flag_y=~flag_y;
            if(flag_y==0)month+=1;
            }
            else month+=1;
            flag2=get_moon_day(month_p,table_addr);
            if(flag2==0)temp1=0x1d;
            else temp1=0x1e;
        }
        day=temp4+1;
    }
    else{  //公历日在春节前使用下面代码进行运算
        temp3-=temp4;
        if (year==0x0){year=0x63;c=1;}
        else year-=1;
        table_addr-=0x3;
        month=0xc;
        temp2=year_code[table_addr]&0xf0;
        temp2=_cror_(temp2,4);
        if (temp2==0)month_p=0xc;
        else month_p=0xd; //
```

```
        /*
        month_p 为月份指向,如果当年有闰月,一年有 13 个月,月指向 13,
无闰月指向 12
        */
        flag_y=0;
        flag2=get_moon_day(month_p,table_addr);
        if(flag2==0)temp1=0x1d;
        else temp1=0x1e;
        while(temp3>temp1){
            temp3-=temp1;
            month_p-=1;
            if(flag_y==0)month-=1;
            if(month==temp2)flag_y=~flag_y;
            flag2=get_moon_day(month_p,table_addr);
            if(flag2==0)temp1=0x1d;
            else temp1=0x1e;
        }
        day=temp1-temp3+1;
    }
    c_moon=c;
    year_moon=year;
    month_moon=month;
    day_moon=day;
}
```